乡村振兴"三农"培训精品教材

新时代农民素质素养提升必读

◎ 吕东条　张燕平　朱光荣　主编

中国农业科学技术出版社

图书在版编目（CIP）数据

新时代农民素质素养提升必读／吕东条，张燕平，朱光荣主编.--北京：中国农业科学技术出版社，2024.6
ISBN 978-7-5116-6829-5

Ⅰ.①新… Ⅱ.①吕…②张…③朱… Ⅲ.①农民-素质教育-中国 Ⅳ.①D422.6

中国国家版本馆 CIP 数据核字（2024）第 102756 号

责任编辑	马雪峰　周　朋
责任校对	王　彦
责任印制	姜义伟　王思文

出 版 者	中国农业科学技术出版社
	北京市中关村南大街 12 号　　邮编：100081
电　　话	（010）82106630（编辑室）　　（010）82106624（发行部）
	（010）82109709（读者服务部）
网　　址	https://castp.caas.cn
经 销 者	各地新华书店
印 刷 者	北京中科印刷有限公司
开　　本	140 mm×203 mm　1/32
印　　张	5.25
字　　数	146 千字
版　　次	2024 年 6 月第 1 版　2024 年 6 月第 1 次印刷
定　　价	34.80 元

前　　言

　　乡村振兴，关键在人。提升农民素质素养是实现农业现代化和乡村振兴的关键。

　　随着时代的进步和科技的发展，新时代对农民素质素养提出了更高的要求。农民不再仅仅是传统的耕种者，而是需要成为具备现代科技知识、市场意识、生态环保意识以及创新创业能力的现代农民。因此，提升农民的素质素养，不仅关乎农民个人的全面发展，更是推动农业现代化、实现乡村振兴的重要举措。

　　本书旨在帮助农民全面提升自身的素质和能力，更好地适应新时代的发展需求。本书充分考虑了农民的实际需求和阅读习惯来编排内容，共九章，分别为概论、农业知识与技能更新、农业农村法律法规与权益保护、农村生态文明与环境保护、乡村治理与参与、农民创新创业与增收致富、农民健康素养与生活品质提升、农民文化素质与终身学习、农民数字素养与现代科技应用。

　　本书具有较强的针对性和实用性，可作为农民素质素养培训教材使用。

　　由于时间仓促，水平有限，书中难免存在不足之处，欢迎广大读者批评指正！

目　　录

第一章　概论

第一节　新时代农业农村现代化的重要意义

农业农村现代化不仅是全面建设社会主义现代化国家的必经之路，也是解决发展不平衡问题的有效途径，更是实现农业农村高质量发展的关键所在。通过不断推进农业农村现代化，可以为国家的长远发展提供持续动力，为人民的幸福生活创造更多可能。

一、全面建设社会主义现代化国家的重大任务

推进农业农村现代化是实现国家全面现代化的关键一环。农业作为国民经济的基础产业，其现代化水平直接影响国家的粮食安全和农产品的有效供给。同时，农村地区作为国家社会结构的重要组成部分，其发展水平和稳定性对国家的长期繁荣和社会和谐具有基础性作用。通过农业科技创新、农业产业结构调整、农村基础设施建设等措施，可以有效提升农业生产效率和农村居民生活水平，为国家的现代化进程提供坚实的物质和人力资源支撑。

二、解决发展不平衡不充分问题的重要举措

当前，我国经济社会发展面临的一个突出问题是城乡发展不

平衡和农村发展不充分。农业农村现代化能够促进资源的优化配置，提高农业生产效率，增强农村经济的内生增长动力，从而有效缓解城乡差距。通过发展多种形式的适度规模经营、推动农业产业化和农村一二三产业融合发展，可以带动农村劳动力转移就业，增加农民收入，提高农村居民的整体福祉。此外，农业农村现代化还涉及教育、医疗、文化等公共服务的均等化，有助于提升农村地区的社会服务水平，促进社会公平正义。

三、推动农业农村高质量发展的必然选择

在新时代背景下，农业农村发展已经由单纯追求速度和数量转向注重质量和效益，高质量发展成为必然要求。农业农村现代化强调绿色发展、循环发展和低碳发展，倡导节约资源和保护环境的农业生产方式，推动农业向高质量发展阶段迈进。通过引入现代信息技术、生物技术等前沿科技，可以提高农业生产的智能化和精准化水平，实现农业可持续发展。同时，农村现代化还包括农村社会治理体系和治理能力现代化，通过改革和创新，建立健全农村社会管理和服务体系，提升农村地区的自我发展和自我管理能力，为农村经济社会全面发展奠定坚实基础。

第二节　新时代农民的社会责任与使命

在新时代背景下，农民作为农村社会的基本成员和农业生产的主体，承担着多重社会责任和使命。这些责任和使命不仅关乎农业和农村的发展，也关系到整个社会的和谐与进步。

一、保障粮食安全和农产品供给

农民作为农业生产的直接承担者，首要任务是确保国家粮食

安全和稳定供应各类农产品。这不仅需要农民采用现代化的农业技术和种植方法，提高作物产量和品质，还需要他们关注作物病虫害防治、土壤保护和水资源管理等方面，以确保农业生产的可持续性。此外，农民还需关注市场需求变化，调整种植结构，满足消费者对健康、安全农产品的需求，为国家的食品安全和人民的生活质量提供坚实保障。

二、推动农业可持续发展

面对全球气候变化和资源短缺的挑战，农民在推动农业可持续发展方面承担着不可或缺的责任。这要求农民积极参与水资源保护、土壤修复、生物多样性保护等环保行动中，采用节水灌溉、有机耕作、绿色防控等环保型农业生产方式。同时，农民还需推广农业废弃物资源化利用，如秸秆还田、畜禽粪便制作有机肥等，减少农业生产对环境的负面影响，实现农业生产与自然生态的和谐共生。

三、促进农村经济发展

农民在促进农村经济发展中扮演着重要角色。通过发展多元化的农业经营，如特色种植、设施农业、深加工农产品等，农民可以提高农产品的附加值，增加自身收入，带动当地经济发展。此外，农民还可以通过参与乡村旅游、农村电商等新兴产业，拓宽收入渠道，促进农村经济的多元化发展。通过这些方式，农民不仅能够提升自身的经济水平，还能够为乡村振兴战略的实施贡献力量。

四、传承和弘扬农村文化

农村文化是中华文化的宝贵财富，农民在传承和弘扬农村文化方面具有不可替代的作用。农民可以通过举办传统节日庆典、民间艺术表演、传统手工艺展示等活动，保护和传承农村的历史文化遗产。同时，农民还可以通过创新传统农业技艺、发展乡村旅游等方式，将传统文化与现代生活相结合，推动农村文化的创新发展，让更多的人了解和尊重农村文化，增强农村文化的影响力和凝聚力。

五、参与农村社会治理

农民是农村社会治理的重要主体。通过参与村民自治、乡村公共事务管理等活动，农民可以积极表达自己的意见和需求，参与决策过程，促进农村社会治理的民主化和法治化。此外，农民还可以通过建立和参与农民合作社、农民协会等组织，加强自我管理和自我服务，提高农村社会治理的效率和水平。通过这些方式，农民不仅能够维护自身的合法权益，还能够促进社会的和谐稳定，为构建和谐社会作出贡献。

第三节　新时代农民素质素养的提升

一、新时代农民素质素养的内涵

新时代农民素质素养的内涵是丰富而多维度的，它不仅包括基本的文化知识和农业生产技能，还涉及思想道德、科技应用、市场经营、生态环境保护等多个方面。具体来说，新时代农民的素质素养应包含以下几个核心要素。

（一）科学技术素养

新时代农民的科学技术素养是农业现代化的关键。这不仅仅意味着农民需要掌握基础的农业生产技术，更重要的是他们需要具备运用现代科技手段进行精细化农业管理的能力。例如，利用智能农业设备和技术进行精准播种、施肥和灌溉，以提高农作物的产量和质量。此外，农民还应学会利用生物技术来改良作物品种，增强其抗病性和抗逆性。信息技术在农业中的应用也日益广泛，农民需要学会利用农业大数据来指导生产决策，提高农业生产的智能化和精准化水平。

（二）思想道德素养

思想道德素养是新时代农民不可或缺的重要品质。农民应具备高尚的道德情操，这包括遵纪守法、诚实守信、勤劳节俭等传统美德。同时，还应该具备团结互助的精神，与邻里和睦相处，共同为农村社区的和谐稳定贡献力量。在新时代，农民的思想道德素养还应体现在对社会主义核心价值观的认同和实践上，通过自身的言行传递正能量，推动农村社会形成文明、进步的新风尚。

（三）文化教育素养

文化教育素养是新时代农民全面发展的基石。农民应具备一定的文化知识基础，能够阅读和理解与农业生产相关的书籍、资料，以便更好地学习和应用新技术、新方法。此外，良好的沟通能力也是农民必备的文化教育素养之一。农民需要与政府部门、技术推广机构、市场销售人员等进行有效沟通，以获取最新的农业政策信息、市场动态以及技术支持。因此，提高农民的语言表达能力和交流技巧至关重要。

（四）生态环境保护素养

随着人们对生态环境保护的日益重视，新时代农民的生态环境保护素养也显得尤为重要。农民需要树立绿色发展理念，认识到农业生产与生态环境之间的紧密联系，学会合理利用农业资源，减少化肥、农药的使用量，降低农业生产对环境的污染。同

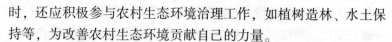

时，还应积极参与农村生态环境治理工作，如植树造林、水土保持等，为改善农村生态环境贡献自己的力量。

（五）创新创业素养

创新创业素养是新时代农民应具备的重要能力之一。在市场竞争日益激烈的今天，农民需要具备敏锐的市场洞察力和创新思维，敢于尝试新型农业生产经营模式。例如，通过发展特色农业、休闲农业等新兴产业来增加农业附加值；利用电子商务平台拓宽农产品销售渠道；参与农业合作社或家庭农场等新型农业经营主体来提高农业生产效益。这些都需要农民具备创新创业的精神和能力才能实现。

二、新时代农民素质素养提升的措施

（一）加强教育培训

为全面提升农民的素质素养，持续并强化的教育培训是关键。可以设立专门的农业教育机构，通过定期组织农业技术培训、文化知识讲座以及实用技能培训等活动，系统提高农民的科技文化素养和生产经营能力。同时，为了适应现代农民的学习需求，也可以大力引入现代信息技术手段。例如，利用远程教育、在线课程、交互式学习平台等，为农民提供更加灵活和多样化的学习途径。这样，农民就可以根据自身的时间和需求，随时随地获取知识，实现自我提升。

（二）推广现代农业技术

积极引进并推广国内外先进的农业生产技术和设备，如智能农业机器人、精准灌溉系统等，使农民能够亲身体验到科技带来的便利和效益。同时，通过实地示范、技术指导等方式，引导农民采用科学的种植方法和管理模式，从而提高农业生产效率和质量。这不仅能够帮助农民增加收入，还能激发他们的学习热情和创新精神。

（三）加强思想道德建设

通过组织丰富多彩的文化活动，如农民文化艺术节、乡村读书会等，可以为农民提供展示自我、交流学习的平台。同时，大力宣传典型事迹和先进人物，以榜样的力量影响和带动农民提升自身思想道德素养。这样不仅能够培育出具有高尚品德的新时代农民，还能推动乡村社会的文明和谐发展。

（四）完善农村公共服务体系

为了吸引更多人才投身农业生产并留住现有农民，需要建立健全农村公共服务体系。通过优化教育资源分配，提供高质量的教育服务；加强农村医疗设施建设，提高农民的健康水平；完善农村文化设施，丰富农民的精神文化生活，为农民创造一个宜居宜业的环境。这样不仅能够改善农村生活条件，还能提升农民的获得感和幸福感，从而激发农民的学习热情和创新精神。

（五）鼓励创新创业

为农民提供全方位的创业指导和资金支持，如设立创业基金、提供贷款担保等，以降低农民的创业风险并增强其信心。同时，鼓励农民尝试新型农业生产经营模式，如发展生态农业、休闲农业等特色产业，以拓宽其收入来源并提高经济效益。此外，还可以引导农民积极参与农村旅游、电子商务等新兴产业的发展，为农民提供更多的创业机会和发展空间。这样不仅能够激发农民的创新创业精神，还能推动乡村经济的持续健康发展。

第二章 农业知识与技能更新

第一节 高效种植养殖技术与模式

高效种植养殖技术与模式是现代农业发展中的关键方向，旨在通过科学的方法和技术手段，提高农业生产效率和效益，同时确保生态环境的可持续性。下面介绍高效种植养殖技术和模式。

一、大豆玉米带状复合种植技术

（一）选配品种

大豆品种要求。应选用耐阴、抗倒、耐密、熟期适宜、宜机收、高产的品种。黄淮海地区要突出花荚期耐旱、鼓粒期耐涝等特点，西北地区及南方地区要突出耐干旱等特点。

玉米品种要求。应选用株型紧凑、株高适中、熟期适宜、耐密、抗倒、宜机收的高产品种，黄淮海地区要突出耐高温、抗锈病等特点，西北地区要突出耐干旱、增产潜力大等特点，南方地区要突出耐苗涝、耐伏旱等特点。

（二）确定模式

综合考虑当地净作玉米、大豆的密度、整地情况、地形地貌、农机条件等因素，确定适宜的大豆带和玉米带的行数、带内行距、两个作物带间行距、株距。以 4∶2 行比配置为主、其他行比配置为辅，大豆玉米间距 60~70 厘米，大豆行距 30 厘米，玉米行距 40 厘米。

（三）机械播种

充分保障带状复合种植玉米密度与净作相当，大豆密度达到净作 70% 以上。优先推荐大豆玉米带状复合专用播种机，也可根据现有的播种机保有情况，参照《大豆玉米带状复合种植全程机械化技术指引》调整改造播种机，相应技术参数必须达到大豆玉米带状复合种植的要求。大豆播深 3~4 厘米、玉米播深 4~5 厘米。黏性土壤、土壤墒情好的，宜浅播；沙性土壤、墒情差的，可适当增加播深。

（四）科学施肥

大豆、玉米分别控制施肥，玉米要施足氮肥，大豆少施或不施氮肥；带状复合种植玉米单株施肥量与净作玉米单株施肥量相同，1 行玉米施肥量至少相当于净作玉米 2 行的施肥量。

增施有机肥料作为基肥，适当补充中微量元素，鼓励接种大豆根瘤菌。相对净作不增加施肥作业环节和工作量，实现播种施肥一体化，有条件的地方尽量选用缓释肥或控释肥。

玉米按当地常年玉米产量和每产 100 千克籽粒需氮 2.5~3 千克，计算施氮量，可一次性作种肥施用，也可种肥+穗肥两次施用，选用高氮缓控释肥（含氮量≥25%）作种肥，带状间作追肥建议选用尿素在玉米行间施用，带状套作追肥建议选用高氮复合肥在玉米大豆行间离玉米植株 25 厘米处施用。切忌对玉米大豆采用同一滴灌系统施氮肥，杜绝玉米追肥时全田撒施氮肥。

大豆高肥力田块不施氮肥，中低肥力田块少量施用氮肥；在初花期根据长势亩追施尿素。

为了提高粒重，可在玉米大豆灌浆结实期补充叶面肥。

（五）化学调控

对于水肥条件好、株型高大的玉米品种，在 7~10 片展开叶时喷施健壮素、胺鲜·乙烯利等控制株高。对肥水条件好、有旺长趋势的大豆，在分枝期（4~5 片复叶）至初花期用 5% 的烯效唑可湿性粉剂兑水喷施茎叶控旺，采用植保无人机、高地隙喷杆喷雾机或背负式喷雾器喷施。严格按照产品使用说明书的推荐浓度和时期施用，不漏喷、重喷。喷后 6 小时内遇雨，可在雨后酌情减量重喷。

（六）病虫防控

根据大豆玉米带状复合种植病虫害发生特点，在做好播种期预防工作的基础上，加强田间病虫调查监测，准确掌握病虫发生动态，做到及时发现、适时防治。尽可能协调采用农艺、物理、生物、化学等有效技术措施，进行技术集成，总体上采取"一施多治、轻简高效"的田间防控策略。

播种期防治：选择使用抗性品种。针对当地主要根部病虫害（根腐病、孢囊线虫、地下害虫等），进行种子包衣或药剂拌种处理，防控根部和苗期病虫害。

生长前期防治：出苗-分枝（喇叭口）期，根据当地病虫发生动态监测情况，重点针对叶部病虫害和粉虱、蚜虫等刺吸害虫开展病虫害防治。有条件可设置杀灯光、性诱捕器、释放寄生蜂等防治各类害虫。

生长中后期防治：大豆结荚-鼓粒期和玉米大喇叭口-抽雄期是防止大豆、玉米病虫为害的最重要时期，应针对当地主要荚（穗）部病虫为害，采用广谱、高效、低毒杀虫剂和针对性杀菌剂等进行统一防治。

田间施药尽可能采用机械喷药或无人机、固定翼飞机航化作业，实施规模化统防统治。

（七）杂草防除

杂草防治应该遵循"化学措施为主，其他措施为辅，土壤封闭为主，茎叶喷施为辅，科学施药，安全高效，因地制宜，节本增收"的原则。化学除草优先选择芽前土壤封闭除草剂，减轻苗后除草压力，苗后定向除草要注重治早、治小，抓住杂草防除关键期用药。严禁选用对玉米或大豆有残留危害的除草剂。

封闭除草：在播后芽前土壤墒情适宜的条件下，播种后 2 日内选择无风时段喷施，选用精异丙甲草胺（或二甲戊灵）等+唑嘧磺草胺（或噻吩磺隆）等兑水喷雾。

茎叶除草：在玉米 3~5 叶期、大豆 2~3 片复叶期、杂草 2~5 叶期，选择禾豆兼用型除草剂如噻吩磺隆、灭草松等喷雾。也可分别选用大豆、玉米登记的除草剂分别施药，可采用双系统分带喷雾机隔离分带喷雾；也可采用喷杆喷雾机或背负式喷雾器，加装定向喷头和隔离罩，分别对着大豆带或玉米带喷药，喷头离地高度以喷药雾滴不超出大豆带或玉米带为准，严禁药滴超出大豆带或玉米带，喷雾需在无风的条件进行。

用药量和喷液量参照产品使用说明，并按照玉米、大豆实际占地面积计算。

(八) 机械收获

大豆适宜机收的时间在完熟期，豆荚和籽粒均呈现出品种固有色泽，植株变黄褐色，用手摇动植株会发出清脆响声。玉米适宜收获期在完熟期，苞叶变黄、籽粒脱水变硬、乳线消失，籽粒呈现出品种固有色泽。玉米先收的，选用割台宽度小于大豆带之间宽度 10~20 厘米的玉米联合收获机在大豆带之间进行果穗或籽粒收获，大豆采用当地的大豆联合收获机或经过改造的稻麦联合收获机适时收获。大豆先收的，可选用割台宽度小于玉米带之间宽度 10~20 厘米的大豆联合收获机或经过改造的稻麦联合收获机在玉米带之间收获大豆，玉米采用当地玉米联合收获机进行果穗或籽粒收获。大豆玉米同时收获的，可选用当地大豆、玉米

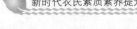

收获机一前一后进行收获作业。

二、玉米密植精准调控高产技术

玉米密植精准调控高产技术以无膜浅埋滴灌技术为核心，配套耐密抗倒品种、导航精量播种、滴水出苗、合理密植、水肥一体化分次施肥、化学调控等措施，实现产量质量双提升。该技术重点在具有滴灌条件且可规模化种植区域推广。

（一）选地与整地

选择具有灌溉条件、土壤肥力条件较好的地块。播种前进行耕翻作业，要求打破犁底层，保证土地整平、整碎、整松、无泥土块，田间干净整洁。进行灭茬翻耕，要求秸秆全部翻入土壤，翻耕深度大于 30 厘米；翻垡均匀、不拉沟、不漏犁，翻耕后不露根茬和秸秆。对于翻耕后杂草、秸秆、根茬较多的地块，需进行清田作业。

（二）种子选择与处理

选择国家或自治区审定，在当地已种植并表现优良的耐密、抗倒、适应机械精量点播和机械收获的品种。应选用经过精选、分级处理的玉米种子，玉米种子质量应符合 GB 4404.1 的规定，且发芽率达到 93% 以上。种子宜进行包衣，对缺乏有效成分种衣剂，包衣效果不好的种子，应选用针对目标病虫害的种衣剂采取 2 次包衣。2 次包衣时，应在播前 1~10 天包衣晾干、装袋。

（三）合理密植

根据品种特性、土壤肥力、水利条件、光照条件和地形等因素合理确定种植密度。鼓励合理密植，在东部区补充灌溉区具有浅埋滴灌条件的推荐种植密度 5 500~7 000 株/亩[①]，无灌溉条件

---

① 1 亩 ≈ 667 米^2。全书同。

的雨养地区推荐 4 500~6 000 株/亩；在中西部灌溉区具有滴灌条件的推荐种植密度 6 000~7 500 株/亩，无滴灌条件的地区推荐 5 000~6 500 株/亩。早熟品种适当增加种植密度。土壤肥力低、生产条件差的地块，推荐选择品种适宜种植密度的下限值；土壤中上等肥力、生产条件好的地块，选择品种适宜种植密度的上限值。

（四）适期播种

当 5~10 厘米地温稳定通过 10℃ 即可播种。根据品种特性、水肥条件、积温等因素合理确定种植密度，播种深度 4~5 厘米，镇压紧实。播种前测试并保证滴灌管网正常，滴灌管网工程建设要求符合 DB15/T 1335 规定，及时安装节水设备，坚持做到边播种边装管。采取导航单粒精量播种，作业质量应符合 NY/T 503 的规定，做到播行笔直、下籽均匀、接行准确、播深适宜、镇压紧实、到头到边。种肥根据目标产量，精准施用，用量不宜过大。一般全部的磷肥、钾肥和 15%~25% 的氮肥作种肥，氮肥的纯氮量不宜超过 2 kg/亩。种肥施在种子侧下方 7~8 厘米深处（距离种子 5 厘米处）。

（五）田间管理

1. 中耕

苗期中耕 2~3 次，第 1 次旋耕除草，第 2 次深中耕。深度 14~18 厘米，护苗带 8~10 厘米，做到不铲苗、不埋苗、不拉沟、不留隔墙、不起大土块，达到行间平、松、碎。

2. 水肥管理

根据降水量、土壤墒情及保水能力等因素确定灌溉次数和灌溉量。在有效降水量较为充足，保水保肥良好的地块，整个生育期一般滴灌 6~7 次；在有效降水量不足或保水保肥效果较差的地块，可适当增加滴灌次数和滴灌量。采用干播湿出技术，播种后及时滴水出苗，检查滴管并确定其正常运行，使灌溉均匀一致，保证出苗的均匀一致性，根据天气、土壤水墒情适当调整滴水量，一般每亩滴水 10~30 米^3。一般 6 月中旬滴拔节水，每亩滴水 20~30 米^3，以后田间持水量低于 70% 时及时灌水，每次灌溉 20 米^3/亩左右，9 月中旬停水。追肥以氮肥为主配施微肥，氮肥一般采取前控、中促、后补的原则，通常在玉米拔节期、大喇叭口期、抽雄前、吐丝后、灌浆期等生长关键时期追肥。施肥时可额外添加磷酸二氢钾 1 kg，壮秆，促早熟。追肥结合滴水进行，先将肥料充分溶解，施肥前先滴清水 30 分钟以上，待滴灌带得到充分清洗，检查田间给水一切正常后开始施肥。施肥结束后，再连续滴灌 30 分钟以上，将管道中残留的肥液冲净，防止化肥残留结晶阻塞滴灌毛孔。

3. 化学调控

在 6~8 片展开叶期，每亩叶面均匀喷施羟烯·乙烯利、玉黄金或吨田宝等玉米专用生长调节剂，具体用量参照使用说明。要求在无风无雨天的早晨或傍晚喷施，力求喷施均匀，不要重复喷施，也不要漏喷。

4. 病虫草害防治

在玉米播种后出苗前或播种同时进行封闭除草作业，选择符合《农药合理使用准则》要求的除草剂，喷施除草剂应根据打药车的喷幅做好标记，做到不重不漏。作业时严禁在地头、地中停车。根据当地玉米病虫害发生规律合理选用农药配种及用量进行防治，农药使用应符合《农药合理使用准则》。可采用高地隙喷药机或植保无人机配药防治，植保作业应按照《农药安全使用规范总则》的规定进行。

(六) 收获

收获前及时回收滴灌带。根据种植行距及作业质量要求选择合适的收获机械。玉米进入完熟期，可进行机械收获。当玉米籽粒含水量不大于25%时，可进行籽粒收获，一次完成摘穗、剥皮、脱粒，同时进行茎秆处理（切段青贮或粉碎还田）等作业；当玉米籽粒含水量大于25%时，应采取摘穗收获方式。收获后的玉米要进行晾晒或烘干，一般玉米籽粒含水量在14%以下可安全贮藏。

（七）秸秆处理

玉米收获后，秸秆应进行粉碎还田或回收处理。秸秆粉碎还田时，茎秆粉碎长度为3~5厘米为宜，深翻25厘米以上，将粉碎的玉米秸秆全部翻入土壤下层。

三、肥水增产增效实用技术模式

（一）粮油作物"一喷多促"叶面施肥技术模式

该模式适用于水稻、玉米、大豆等粮油作物，针对后期脱肥、高温干旱、阴雨寡照、病虫害发生等现实场景，把水溶肥、抗逆剂、调节剂、杀虫杀菌剂等按需科学混配喷施，促壮苗稳长、促灾后恢复、促灌浆成熟、促单产提高、促病虫害防治。

技术要点：一是精选肥药，后期补肥选用速效氮肥、磷酸二氢钾、大量元素、中微量元素水溶肥；调节营养选用含腐植酸、含氨基酸和微量元素水溶肥；生长调节剂可选择芸薹素内酯、三十烷醇、吲哚丁酸等。根据病虫害发生配施农药。肥药产品应经农业农村部门登记或备案。二是优化组合，中性或酸性肥料可与pH值接近的农药直接混配，碱性肥料与农药混用前应进行混配试验。三是高效喷施，采用无人机、高地隙喷杆喷雾机、车载式担架机等现代化装备进行喷施。

（二）水稻"侧深施肥"技术模式

集成侧深施肥、遥感诊断、无人机追肥，发挥农机农艺融合优势，精准调控肥料品种用量、养分形态比例和施肥时间，实现全生育期机械化精准施肥。

技术要点：一是优选基肥品种，选用缓（控）释专用配方肥，速效与缓释配合，颗粒均匀、硬度适中，便于机施。二是施肥插秧同步，将肥料均匀定量施入秧苗侧边 3~5 厘米、深度 4~6 厘米处，养分集中在根区，供应充足、便于吸收。三是智能营养诊断，中后期开展多光谱遥感诊断，指导无人机精准、高效、按需追肥，补充后期营养，增强光合作用，提升抗逆能力，防早衰、保大穗、增粒重、夺高产。

（三）小麦"机械深施+无人机追肥+一喷三防"技术模式

集成种肥同播、"一喷三防"技术，深松分层施肥播种机、无人机等装备，配套缓（控）释肥，基肥追肥统筹、速效缓释结合、养分形态配伍，破解基肥损失大、后期早衰等难题。

技术要点：一是机械深施，选用缓（控）释新型肥料，撒施后旋耕，深度大于 20 厘米，或采取种肥同播，保证养分供应，促进根系生长；二是无人机追肥，按小麦苗情加强肥料运筹，重点对早春受冻、晚播弱苗麦田进行追肥，促进生长，提高分蘖；三是一喷三防，混配喷施水溶肥、调节剂、杀虫杀菌剂等，增粒增重，防治病虫害。

（四）旱地玉米超深松一次分层施肥增产技术模式

集成超深松、三层施肥等关键技术，有效破解苗小苗弱、根系浅和后期脱肥等长期问题。

技术要点：一是超深松，由 25~30 厘米增加到 50 厘米，打破犁底层，充分蓄纳天然降水，促根下扎到 50 厘米；二是分层施肥，施肥深度分浅、中、深 3 层，种肥深 8 厘米、中层肥深 16 厘米、深层肥深 28 厘米，以长效、促根生长等功能性肥料代替普通复合肥，实现养分精准供应。

（五）玉米滴灌水肥一体化提单产技术模式

以滴灌水肥一体化技术为基础，集成配套紧凑耐密品种、合理密植、滴水出苗、化控防倒和病虫害防控等措施。

技术要点：一是作物增密，通过强化水肥供应支撑增密30%以上，由不到 5 000 株增加到 6 500 株以上；二是水肥耦合，播后带肥滴水促进苗全苗齐苗壮，全程按需、分次、均衡精准供应水肥，氮钾后移确保后期不脱肥；三是化控防倒，种植密度大、生长过旺、易倒伏地块，在 6~8 片展开叶期间使用专用化控剂，增强抗倒、抗旱能力，实现作物秆矮、穗大、高产。

四、肉鸡立体养殖技术

肉鸡产业是畜禽养殖中规模化程度最高的产业。发展肉鸡立体高效养殖模式，以节地、节粮、节能、高效、生态为目标，集成集约化、数智化、精准营养、生物安全和循环绿色等高效养殖技术，对于提升我国肉鸡综合生产能力和市场竞争力，建设生产高效、资源节约、环境友好的现代肉鸡产业具有重要意义。

（一）养殖工艺

1. 养殖规模和饲养密度

肉鸡立体养殖全进全出一段式养殖工艺，单栋舍饲养规模一般为 3 万~6 万只，单场养殖规模 30 万~50 万只。每只成鸡的占位面积不低于 0.05 平方米，即每平方米笼底面积的饲养量应小于 20 只，保证直至出栏前的适宜空间需求。高温季节应适当降低饲养密度。

2. 舍内布局和笼具要求

鸡舍建筑需要具有良好的封闭、保温性能，采用密闭式鸡舍设计，以便控制舍内环境，达到节能降耗的目的。标准设计鸡舍总长 80~90 米，宽 15~18 米。建议采用装配式钢结构，并根据当地气候条件设计鸡舍保温方案，拼接处应做好密封填充处理，防止外界空气通过拼接缝隙渗透。

笼具宜采用叠层式笼具，一般 3~5 层。材质镀锌防锈，结构稳定，使用寿命大于 15 年。每组笼具间设置 0.9~1.5 米过道；单组笼具两列中间须设置 0.35~0.5 米的通风道；单个笼宽度为 0.7~0.9 米，长度为 1.1~1.4 米。

3. 配置成套饲养设备

（1）饲喂设备。舍内采用自动化行车式喂料系统，配备故障急停和报警装置。喂料系统应采用可调式加料漏斗和分料漏斗，可根据肉鸡不同生长期体型变化调整喂料量，避免饲料浪费，减少粉尘，提高采食均匀度。笼具采食口应可调节，以适应不同日龄肉鸡采食，降低人工喂料的劳动强度，减少人工操作造成的鸡只应激反应。每栋鸡舍配套可储存 2 天以上饲料量的独立料塔。以单栋饲养量 5 万只为例，饲养后期采食量为每只鸡 150克/天，饲喂系统应保证每天至少提供 7.5 吨饲料，料塔容量应在 15 吨以上。

（2）饮水设备。配套充足且洁净的供水系统，水质应符合《无公害食品畜禽饮用水水质》的要求。供饮水系统包含供水设备、水表、过滤器、自动加药器、饮水管、360°饮水乳头、接水槽（杯）、调压阀、水管高度调节器等，水线液位显示等。鸡舍水线进水处应设置加药器、过滤器，实现饮水过滤和自动化饮水加药。水线设计安装时要方便消毒清洗，避免细菌和藻类滋生；水线高度要可随时调整，保证整个养殖周期中鸡只饮水有舒适的高度。

（3）清粪设备。应采用传送带式清粪系统，包括纵向、横向、斜向清粪传送带，动力和控制系统，实现高效及时清理粪尿，防止粪便在舍内滞留。每层笼底均应配备传送带分层清理，由纵向传送带输送到鸡舍尾端，各层笼底传送带粪便经尾端横向和斜向传送带输送至舍外，保证"粪不落地"。清粪传送带宜采用全新聚丙烯材料，具备防静电、抗老化、防跑偏功能。为避免鸡只接触清粪传送带粪便，应在每层笼上方设置顶网。应适时调整清粪频率，建议粪便日产日清，并集中传输到鸡舍外专用运输车转运出场。根据肉鸡生长期，清粪频率由初始的 2 天 1 次逐渐增加至每天 2~4 次。粪便及时清除可以避免舍内有害气体和粉尘积累，减少环境污染，还便于集中无害化处理。

（二）鸡舍环境控制和管理

1. 环境控制设备

立体养殖采用的环境控制设备大体上与平养模式类似，都包括风机、湿帘、加温系统（风暖或水暖）、通风小窗、导流板和环控仪等。但层叠式笼养时养殖密度大幅提高，配制设备的复杂度大幅提高。需要根据具体饲养量及鸡群体重，按照环境参数精准计算各种设备需要的数量以及安装位置。需要对饲养鸡群所需要的最大最小通风量、风速、通风阻力等进行精准计算，还需要兼顾进风位置、新进空气温度、通风死角、温差大等问题。配置的环控仪最好是具备智能调控功能的程控仪。

鸡舍多施行负压通风，每幢鸡舍后部需配备多组高效风机，推荐使用拢风筒风机，提高通风效率。两侧墙体安装通风小窗，规格约为 30 厘米×60 厘米，在提高通风量的同时保证舍内气流稳定。根据不同日龄的通风需要，通过控制小窗角度调整侧面进风量。夏季采用湿帘进风降温时，建议采用湿帘分级控制，防止湿帘开启后湿帘端温度下降过快。应根据鸡舍笼具高度、顶棚高度等调整湿帘和侧墙小窗进风口导流板开启角度，保证入舍新风进入鸡舍顶部空间形成射流，使舍内外空气达到较好的混合效果，避免入舍新风直接吹向笼具，造成鸡群冷热应激。

育雏供暖可使用地暖或者暖风机均匀供热方式，应用多排联控保温门，降低能耗提高保温性能。冬季较为寒冷的地区，建议在鸡舍加装墙体阳光棚和热回收装置，可以大幅度降低供暖能耗。

2. 自动化环境控制管理

应实现以智能环控器为核心的环境全自动化调控，依据鸡舍空间大小和笼具分布布置温湿度、风速、NH_3、CO_2 等环境传感器，依据智能环控器分析舍内环境参数，自动调控侧墙小窗、导流板、风机和湿帘等环控设备的开启和关闭，实现鸡舍内环境智能调控。对鸡舍不同位置的鸡群环境进行均匀性和稳定性调控，整舍最大局部温差和日波动应小于3℃。

养殖周期内，立体笼养肉鸡舍温度变化范围为 24.2 ~ 33.8℃；舍内相对湿度一般维持在 45%~60% 范围内；风速变化范围为 0.05 ~ 2.04 米/秒。饲养初期，鸡苗脆弱，需要注意保温、减少通风，随着日龄增加，保温要求逐渐降低。饲养中后期，随着肉鸡羽毛覆盖、饲养密度增大、新陈代谢增强，鸡舍内通风换气量加大，保证足够的氧气供应（舍内氧气浓度不应低于 19.5%）；同时开启湿帘、人工加湿等方式降温增湿，保持舍内温湿度平衡。

（三）饲料与营养

应采用全价配合饲料，保障肉鸡采食量需求和营养物质的摄入，满足鸡体生长发育各个阶段的能量、蛋白质、矿物质和维生素等需要。宜采用玉米、豆粕减量替代饲料资源高效利用技术配制的饲料。

肉鸡设施化立体养殖全程所用饲料，可按照 3 阶段或 4 阶段进行饲料配制。3 阶段分别为育雏期（1 ~ 14 日龄）、育成期（15~28 日龄）和育肥期（29 日龄至出栏）；4 阶段则分别为育雏期（1~9 日龄）、育成 I 期（10~20 日龄）、育成 II 期（21~29 日龄）和育肥期（30 日龄至出栏）。对白羽肉鸡来说，为充分发挥其生长快、饲料转化率高的遗传潜力，建议采用 4 阶段饲料配制。还推荐通过外源 NSP（非淀粉多糖）酶的添加，有效提高能量及蛋白质消化利用率，降低粪便排出量，减少有害气体排放。

（四）立体高效养殖数智化管控

肉鸡立体养殖应具备智能化、信息化特点，实现鸡场数字化管控，提高养殖管理效率。可通过建立鸡舍全自动环境控制系统、在线高效信息化管理系统、肉鸡生产全程与产品质量追溯管理系统，在"单舍控制-全场管理-全链条监控"3 个维度上对肉鸡立体养殖实现自动化、信息化和智能化管理。

1. 肉鸡立体养殖数智化生产

规模较大的设施化养殖场，宜以物联网、4/5G、NB-IOT 技术为支撑，建设肉鸡养殖环境远程监测和管理系统，实现鸡舍环境数据的实时传输，通过监控记录饲料量，水量，室内外温度，电压，湿度，压力，风速，舍内 CO_2、H_2S、NH_3 浓度等各项养殖参数，并根据环境控制系统内嵌的不同生长时期的标准环境参数曲线，实施全程自动控制和远程非接触式操作，实现投料、清粪，以及调整通风、温度、光照等操作。

2. 高效信息化管理系统

可以通过物联网、云平台、人工智能等新一代信息技术，集成视频监控、远程通信、短信报警、远程诊断系统等，建立从总部到全场，再到单舍的全链条、多层次跟踪监控信息化管理系统。运用云计算技术对数据进一步存储、分析、处理、运算，可实现自动收集环境数据，实时统计分析各个场、幢的饲养情况和生产成绩数据，建立大数据平台。可通过该平台集团企业（或合作社）创建并利用企业数据库，实现各部门、各岗位的数据化、精准化高效管理，提高效率减少人工成本。

3. 数智化产品质量追溯管理

建立生产监测与产品质量可追溯平台，包含企业管理、政府管理、追溯管理 3 个子平台的追溯与监管。对饲料、用药、疫苗、死淘数、屠宰、加工、储运、销售等信息全程进行追溯与监管，实现肉鸡疫情预警与质量安全预警，做到来源可查、去向可追、责任可究的全过程生产监测与质量安全管理与风险控制。

（五）生物安全防控

1. 鸡场规划与布局

鸡场选址和环境质量应符合《畜禽场环境质量标准》的要求，污水、污物处理应符合国家环境的要求。养鸡场需要按照不同功能严格划分为生活区和生产区，设置一定的间隔和障碍。场区分区布局应遵从鸡舍按主导风向布置的原则。生活与办公区、辅助生产区、生产区和粪污处理区应根据鸡场地势高低及水流方向依次布置。

生产区与生活区通过消毒通道等分开，做好人员、生产物资、车辆等的消毒工作。严格按照国家规定的病死鸡无害化处理流程处理，并做好相应记录。鸡舍应以单列平行排列为主，净污分区，鸡场采用整场全进全出工艺，或者至少按鸡舍实施单日全进全出，全场进雏和出栏最大间隔不应超过 5 天。

2. 生物安全防控体系

生产区的人员、物资进出需严格遵守生物安全防控措施。在生产区再设立隔离区，集中尸体和粪便方便后续转运处理。

养殖场根据自身情况制定商品代肉鸡免疫程序，在达到防控主要疫病要求的前提下，选择合适的疫苗产品，降低免疫频率和免疫疫苗种类。入舍前能在孵化场完成的免疫，尽量在孵化场进行。鸡入舍后的免疫也尽量采用喷雾免疫的方式进行，减少注射免疫的次数。

建立养殖场来往"人流、物流、车流"消毒技术与规范，做好防鼠、防鸟、防蝇虫等工作，切断外界病原微生物传播途径。除做好肉鸡出栏后的空舍消毒外，还需定期进行鸡舍内外环境卫生消毒工作，包括湿帘循环水净化消毒、带鸡空气消毒、设施设备（墙壁、地面、笼具、料槽等）表面清洁等，保障鸡舍及场区环境洁净卫生。

适应立体养殖要求，养殖场结合自身情况配置智能巡检机器人，实现鸡舍环境、鸡只状态无人化巡检，监测鸡舍不同位置各层笼具内的温度、相对湿度、光照强度和有害气体浓度等环境数据，智能识别各层鸡只状态、定位死鸡分布点，减少人员进出鸡舍次数。

五、肉羊低豆粕饲粮配制及饲养技术

作为反刍动物，肉羊特有的复胃结构决定其具有可利用包括杂粕、秸秆等非粮饲料资源的功能。通过基于精准的营养需要量计算，合理的饲粮精粗比搭配，结合氨基酸平衡技术，杂粮杂粕以及非蛋白氮等非常规饲料资源替代豆粕，有利于在现代养殖模式下充分发挥多种饲料资源的营养价值，同时保证肉羊育肥效率，实现节本增效。

（一）羊源的选择和分群

依照生理阶段和用途将羊群划为哺乳羔羊、生长育肥羊、妊娠母羊、泌乳母羊、种用公羊，应按照性别、年龄、体重、体况等分群饲养，单独配制饲粮。

（二）确定营养需要量参数

在制订肉羊饲粮配方时，应确定不同体重或生理阶段羊只的干物质、能量、蛋白质、中性洗涤纤维、矿物质、维生素等需要量，为精准营养供给提供依据。在确定羊只的生理阶段后，根据肉羊体重和日增重目标，查阅《肉羊营养需要量》，确定每天肉羊营养需要量的推荐值。

（三）确定饲粮氨基酸的比例

氨基酸平衡模式下的低蛋白饲粮已在猪禽养殖中得到广泛的应用，反刍动物由于特殊的消化道结构，需要对氨基酸进行包被处理，避免被瘤胃微生物分解。在饲粮蛋白质水平降低 1%～4% 的情况下，通过合理补充过瘤胃赖氨酸、蛋氨酸、苏氨酸、精氨酸，可保证肉羊生产性能不受影响。随着过瘤胃氨基酸生产工艺的进步，使用过瘤胃氨基酸的成本有望低于豆粕，从而在节省蛋白质饲料资源的同时，降低养殖成本。对于 60～120 日龄的育肥羔羊，过瘤胃赖氨酸、蛋氨酸、苏氨酸、精氨酸的适宜添加比例为 100 : (37～41) : (39～45) : 12。

（四）非蛋白氮类饲料添加剂的使用

非蛋白氮（NPN）是指非蛋白质的含氮物质的总称，包括尿素、磷酸脲等，可被反刍动物瘤胃微生物利用合成蛋白质，能够部分替代饲粮中的豆粕。非蛋白氮类饲料添加剂的添加量应符合《饲料添加剂安全使用规范》的规定，如尿素在肉羊全混合日粮中的最高限量应低于 1%，磷酸脲在肉羊全混合日粮中的最高限量应低于 1.8%。

（五）配制全混合日粮

全混合日粮（TMR）配制时，可采用配方软件或 Excel 等软件计算配方中各种原料的适宜比例和总营养成分，以满足该阶段肉用绵羊营养需要量。

1. TMR 配制的基本原则

应选当地常用、营养丰富、价格合理的饲料原料，注重牧草、农作物以及农副产品副产物等多元化饲料资源的合理搭配使用，在不影响羊只健康和生产性能的前提下获得最佳经济效益。粗饲料包括青干草、青绿饲料、农作物秸秆、青贮饲料等，一般情况下应不少于饲粮干物质总量的30%。精料补充料包括能量饲料、蛋白质饲料、饲料添加剂以及部分糟渣类饲料原料，含有较高的能量、蛋白质和较少的纤维素，能供给肉羊大部分的能量、蛋白质需要。一般情况下应低于饲粮干物质总量的70%。

2. TMR 配方计算过程

由于饲料原料水分含量差异很大，因此在设计饲粮配方时，通常以干物质基础（DM）进行。首先确定粗饲料的种类，确定其代谢能等营养成分含量；然后确定各类饲料原料的大致比例，计算出粗饲料提供的营养成分含量，该值与需要量之间的差值即为精料补充料的营养成分目标值；最后计算出精料补充料配方。

棉籽粕、菜籽粕、花生粕等饲料原料在羔羊上可替代饲粮配方中豆粕用量的20%～30%；育肥前期可替代饲粮配方中豆粕的30%～50%；育肥后期可替代饲粮配方中豆粕的80%～100%；成年母羊可替代饲粮配方中豆粕的30%～40%以上；泌乳母羊可替代饲粮配方豆粕的50%～60%。

棕榈粕、甜菜粕、葵花籽仁粕、小麦粉浆粉、味精渣、核苷酸渣、赖氨酸渣等非常规或地源性原料在羔羊上可替代饲粮配方中豆粕的20%以内；育肥前期可替代饲粮配方中豆粕的30%～40%；育肥后期可替代饲粮配方中豆粕的40%～60%；母羊可替代饲粮配方中豆粕的30%～40%。

通过饲料原料多元化应用，在羔羊上可替代饲粮配方中豆粕的40%～50%；育肥前期可替代饲粮配方中豆粕的60%～90%；育肥后期可替代饲粮配方中全部的豆粕；成年母羊可替代饲粮配

方中豆粕的 60%～80%；泌乳母羊可替代饲粮配方中豆粕的
50%～60%。

3. TMR 的加工机械

主体设备是 TMR 搅拌机，把切短的粗饲料、精料补充料
（或玉米、豆粕等原料）以及矿物质等饲料添加剂按配方充分混
合。混合前应确保饲料原料用量准确，尤其是对一些微量成分的
准确称量，并进行逐级预混合。此外，TMR 加工的附属设备还
有揉碎机、铡草机、粉碎机、制粒机、压块机、膨化机等。

4. TMR 的加工过程

如果选择立式 TMR 搅拌机进行混合制作，要按照"先干后
湿，先轻后重，先粗后精"的顺序依次将干草、青贮、农副产品
和精料补充料等原料投入设备中；如果选择卧式 TMR 搅拌机进
行混合制作，原料填装顺序依次是精料补充料、干草、青贮、糟
渣类。混合时间根据混合均匀性确定。通常情况下，在完成剩余
原料添加之后，将混合物搅拌 5～8 分钟。如果有长草，可以在
放进去之前预先切好。搅拌时间过长、原料过细、有效纤维不足
会降低瘤胃酸碱度，引起营养代谢疾病。

5. TMR 的饲喂

每天饲喂肉羊时，保持剩料量为总喂料量的 3%～5%，并在
肉羊采食过程中及时推料；定期采集 TMR 样品，检测营养成分
是否达到配方要求。

6. 其他注意事项

①饲料种类多样化，精粗配比适宜，使用饲草时应有两种或
以上，保证营养全面且改善饲粮的适口性和保持羊只的食欲，从
而确保足够的采食量。②青贮、糟渣等酸性饲料原料与碱化或氨
化秸秆等碱性饲料原料搭配使用有利于改善适口性和提高消化
率。③饲粮体积应适中，如体积过大将导致肉羊无法正常摄入所

需的营养物质；如体积过小将导致瘤胃不够充盈，即使营养得到满足，肉羊仍然会有饥饿感，而导致过度采食。

（六）饲养管理

采用定人、定时和定量的饲喂制度；提供自由饮水，水质清洁，饮水设备应定期清洗和消毒；定期对羊舍进行卫生清扫和消毒，保持圈舍干燥、卫生；应经常观察羊群健康状况，发现异常及时隔离观察。

1. 哺乳羔羊人工辅助哺乳与早期补饲

对新生弱羔和双羔以上的羔羊或在母羊哺育力差时，可采用保姆羊饲喂或人工饲喂羔羊代乳产品。羔羊出生1个月内以母乳或羔羊代乳产品为主，2周龄时在母羊舍内设置补饲栏，让羔羊随时采食营养丰富的固体饲料。羔羊可在3周龄左右断母乳，饲喂羔羊开食料、精料补充料及干草等，固体饲料采食量达到200~300克且能够满足营养需要时，停止饲喂羔羊代乳产品。断奶期间应避免场地、饲养员、饲养环境条件等改变引起的应激反应。

2. 断奶后羔羊育肥

育肥前应驱虫；育肥过程中做好体重和饲料消耗记录；6月龄左右，山羊羔羊达到20~25千克，绵羊羔羊达到40~50千克，可根据实际情况出栏。

3. 成年羊育肥

健康无病的淘汰公、母羊，按性别、体况等组群，进行免疫和驱虫；按照育肥羊营养需要配制饲粮，充分利用各种农副产物，育肥2~3个月后可出栏。

4. 妊娠母羊

妊娠前期（前3个月）胎儿生长较慢，母羊对营养的要求与空怀期相似，但应补饲一定的优质蛋白质饲料；管理措施应以保胎为核心，避免吃霜草和霉烂饲料，避免惊群和剧烈运动等。妊娠后期（后2个月）胎儿生长较快，对营养物质的需求量较高，应根据妊娠后期的营养需求配制饲粮；围产期减少或停止饲喂青贮饲料，在母羊预产期临近时，减少或停止饲喂精料补充料。

5. 泌乳母羊

泌乳前期应以母羊有充足的母乳供给羔羊为饲养管理目标。产多羔的母羊以及泌乳高峰时期，应加强营养，增加精料补充料的饲喂量，提供足够的青贮饲料、青绿饲料或优质青干草；泌乳后期母羊泌乳性能下降，应逐渐减少精料补充料的饲喂，但对体况下降明显的瘦弱母羊，需补饲一定数量的优质干草和青贮饲料。

第二节　农业经营管理

一、农业产业化经营

（一）农业产业化经营的概念

从农业经营层次上看，从事农业某生产环节经营的企业，追求自身利益的最大化，而分散、孤立、狭小、保守的农户家庭经营只能以初级产品利润低微的市场价格进行市场交易，与农业企业化经营相比，始终处于不利的竞争地位。

农业产业化经营是建立在农业产业劳动分工高度发达基础上的、更高层社会协作的经营方式。具体来说，农业产业化经营就是用管理现代工业的办法来组织现代农业的生产和经营。它以国内外市场为导向，以提高经济效益为中心，以科技进步为支撑，围绕支柱产业和主导产品，优化组合各种生产要素，对农业和农村经济实行区域化布局、专业化生产、一体化经营、社会化服务、企业化管理，形成以市场牵龙头、龙头带基地、基地连农户，集种养加、产供销、内外贸、农科教为一体的经济管理体制和运行机制。农业产业化经营是引导分散农户的小生产进入社会化大生产的一种组织形式，是多元参与主体自愿结成的利益共同体，也是市场农业的基本经营方式。

农业产业化经营与一般农业（企业化）经营的主要区别在于：前者是由农业产业链条各个环节上多元经营主体参加的、以共同利益为纽带的一体化经营实体；在农业产业化经营组织内部，农民与其他参与主体一样，地位平等，共同分享着与加工、销售环节大致相同的平均利润；后者的经营范围则只限于农业产业链中的某一环节。

（二）农业产业化经营的组织模式

从经营内容、参与主体和一体化程度上看，农业产业化经营模式可分为以产销合同为纽带的产加销一体化经营模式和以产权关系为纽带的农工商一体化经营模式两大类型。前者为松散型，后者为紧密型。根据龙头企业和所带动的参与者的不同，具体可分为以下6种类型。

1. 龙头企业带动型（公司+基地+农户）

龙头企业带动型的农业产业化经营是由一个或几个农产品加工企业或营销性公司作为龙头，与农户通过契约关系，建立起相对稳定的经济联系，结成产加销一体化经营组织。其基本形式是"龙头企业+农户"，其衍生形式有"龙头企业+基地+农户""龙头企业+合作社+农户""龙头企业+专业协会+农户"等。其特点是：龙头企业与农产品生产基地和农户结成贸工农一体化经营系统；利益联结方式是根据产销合同订购或实行保护价收购；农户按合同规定，定时定量向企业交售优质产品等。

2. 中介组织带动型（中介组织+农户）

中介组织带动型的农业产业化经营模式是以从事统一农业生

产项目的若干农户按照一定的章程联合起来，组建多种形式的农民专业合作经济组织，如蔬菜专业协会、养鸡协会、葡萄专业合作社、花卉销售合作社等，在这些中介组织的带动下，进行农产品产、加、销一体化经管的农业产业化经营模式。在这种产业化经营的组织形式下，经济利益主体主要是中介组织与农户两方。他们之间的经济利益通过组织章程及合同连接起来。中介组织的盈余，在提取一定积累后，一部分按交易量返还给成员，另一部分按成员入社股金进行分红。

3. 市场带动型（专业市场+农户）

市场带动型是以专业市场或专业交易中心为依托，形成商品流通中心、信息交流中心和价格形成中心，带动区域专业化生产，实行农产品的产、加、销一体化经营，从而扩大生产规模，形成产业优势，节省交易成本，提高营运效率。其运行基本原则，一是因地制宜的原则，二是建管并重的原则，三是宏观调控的原则。

4. 合作经济组织带动型（农民专业合作社或专业协会+农户）

专业合作经济组织带动型是农民自己创办专业合作社或专业协会等合作经济组织，使其在农业产业化经营中为农民提供产前、产中及产后的多种服务，一方面为入社农户统一提供生产资料、信息、服务，帮助农户解决生产资金，另一方面组织入社农户统一生产、统一加工、统一包装、统一价格销售，参与专业化、商品化的农业生产经营，解决了个体农户分散生产、实力弱小，进入市场渠道不畅的问题。

5. 科技带动型（科研单位+农户）

科技带动型的农业产业化经营模式是以科技单位为龙头，以先进技术的推广应用为核心，在科技龙头的带动下，实现农产品产、加、销一体化经营的农业产业化经营模式。在这种农业产业化经营的组织形式下，主要的利益主体是科研机构与农户两方。在这种组织模式中，收益按比例分成。

6. 主导产业带动型（主导产业+农户）

主导产业带动型农业生产化经营模式是从利用当地资源，发展特色产业和优势产品出发，发展"一乡一业""一村一品"或"数村一品"，形成生产、加工、销售一体化经营的农业产业集群或产业价值链。在这一产业化经营组织形式下，农产品加工者、营销者与生产者（农户）之间的连接关系是相当松散的，它们之间没有成文的合同约束，互相之间的经济利益是靠市场交换联系起来的，从相互之间的公平买卖、等价交换中，实现各自的经济利益。

由此可见，可供选择的农业产业化经营模式类型多样，农业企业应因地制宜地选择适合自己的经营模式，并在市场化、产业化的发展过程中不断创新完善。

(三) 农业产业化经营的组织实施

实施农业产业化经营，应重点抓好以下几个关键环节。

1. 因地制宜，确定区域特色优势产业

市场经济条件下，区域主导产业的确定是实施农业产业化经营的重要前提。确定主导产业要遵循因地制宜、扬长避短的原则，以市场为导向，立足本地的资源禀赋条件和特色优势，发展各具特色、布局合理的优势产业和产品，从而形成区域性特色主导产业。例如，甘肃的玉米制种、酿造原料、马铃薯、中药材生产基地，新疆的优质彩棉、糖料生产基地，四川的优质亚热带水果生产基地，云南、贵州的花卉、烟草生产基地，青海、西藏的草地畜牧业生产基地等都是从当地资源优势出发，以市场为导向确定的区域性主导产业。

2. 积极培育农村市场，大力扶持龙头企业

在农业产业化经营中，农户深感信息闭塞，渠道不畅，生产

的农产品销售困难。许多乡镇至今尚无成形的农产品集散市场，农户为销售产品，只好将自己的产品运送到有市场的乡镇，这不仅造成利润的外流，而且增加了农民的运输成本、时间成本。因此，各级地方政府应大力发展农产品批发市场，重点加强仓储、保鲜、运输、加工等基础设施建设，增强市场的配套服务功能，有重点、有针对性地进行贯穿城乡、辐射全国、带动功能强的农产品专业批发市场建设，为农业产业化经营创造良好的市场环境。

3. 切实抓好农产品商品基地建设

农产品商品基地是龙头企业的依托，也是农业产业化经营的基础。因此，各地要从自身实际出发，通过调整农业产业结构、优化区域布局，有计划、有步骤地加强农产品商品基地建设，要突出区域特色，选准主攻方向，培育支柱产业，发展特色产品，逐步形成与资源特点和市场需求相适应的区域化经济格局。

4. 建立完善务实高效的农业社会化服务体系

农业社会化服务体系是实施农业产业化经营的重要环节。因此，要逐步建立起以农民专业合作经济组织为基础，以农业经济技术部门为依托，以农民自办服务实体为补充的多行业、多经济成分、多形式、多层次、高效率、功能齐全、设施配套的农业社会化服务体系，强化农业产前、产中、产后的系列化配套服务，以确保农业产业化经营的持续稳定发展。

5. 完善内部经营机制，正确处理产业化内部的利益分配关系

以经济利益为纽带，形成利益共享，风险共担的分工协作关系是农业产业化经营持久发展的内在动力。因此，应按照市场经济的运行机制，正确处理龙头企业与农户、龙头企业与其他服务组织的关系。应本着欲取先予、让利于民的原则，在产业系统内

部统一核定农副产品价格，企业把加工销售环节的部分利润返还给农民；通过预付定金，赊销化肥、种子、饲料、苗木等生产资料，扶持农民进行规模化、标准化生产。积极探索利用契约方式发展订单农业的运行机制，使农业产业化经营组织真正成为风险共担、利益共享的经济共同体。

二、农产品质量安全管理

（一）农产品质量安全的内涵

随着经济的发展，人民生活水平不断提高。现在人们不仅要求吃得饱，而且还要求吃得好，也就对农产品质量的要求越来越严格。通常所说的农产品质量既包括涉及人体健康、安全的质量要求，也包括涉及产品的营养成分、口感、色香味等非安全性的一般质量指标。广义的农产品质量安全是农产品数量保障和质量安全，《中华人民共和国农产品质量安全法》对农产品质量安全的定义为：农产品质量达到农产品质量安全标准，符合保障人的健康、安全的要求。"数量"层面的安全是"够不够吃"的问题，"质量"层面的安全是要求食物营养卫生，对健康无害。狭义的农产品质量安全是指农产品在生产加工过程中所带来的可能对人、动植物和环境产生危害或潜在危害的因素，如农药残留、兽药残留、重金属污染、亚硝酸盐污染等。

农产品来源于动物和植物，受各种污染的机会很多，其污染的方式、来源及途径是多方面的，在生产、加工、运输、储藏、销售、烹饪等各个环节均可能出现污染，因此食用农产品质量安全不仅仅局限于生物性污染、化学物质残留及物理危害，还包括如营养成分、包装材料及新技术等引起的污染。

农产品质量安全必须符合国家法律、行政法规和强制性标准的规定，满足保障人体健康、人身安全的要求，不存在危及健康和安全的危险因素。农产品中不应含有可能损害或威胁人体健康的因素，不应导致消费者急性或慢性毒害，或感染疾病，或产生危及消费者及其后代健康的隐患。

（二）农产品质量安全管理的原则

1. 源头治理原则

农产品质量安全是在生产过程中产生的，因此，农产品质量安全管理应打破长期以来"反弹琵琶"的工作方法，强调从源头入手，加强污染源控制。具体做法：一是加强动植物病虫害防治造成的污染管理，攻克化学性农药、兽药残留等关键性源头污染；二是加强农产品产地环境污染管理，重点是对产地铅、砷、镉等本地污染以及灌溉用水、"三废"污染的重点防范；三是加强农业投入品污染管理，重点是对违禁药物使用和农业投入品不科学、不合理使用的防范。

2. 市场准入原则

不合格、不安全农产品只有做到不准上市销售，农产品质量安全管理的各项措施才能真正落到实处。因此，在农产品质量安全管理过程中，各级农业农村主管部门应积极推行认证合格、检测合格后方可上市销售的做法。农产品批发市场应当建立健全农产品承诺达标合格证查验等制度。鼓励和支持农户销售农产品时开具承诺达标合格证。农产品批发市场应当按照规定设立或者委托检测机构，对进场销售的农产品质量安全状况进行抽查检测；发现不符合农产品质量安全标准的，应当要求销售者立即停止销售，并向所在地市场监督管理、农业农村等部门报告。农产品销售企业对其销售的农产品，应当建立健全进货检查验收制度；经查验不符合农产品质量安全标准的，不得销售。

3. 标准化生产原则

按照国际惯例，不但终端产品要安全，而且必须保证过程要规范，风险和隐患必须消灭在生产过程之中，这是农产品质量安全管理最根本性的保障措施。为此，在农产品质量安全管理过程中，必须坚持：以统一规范的技术文本为依据，以示范基地建设为载体，以达标合格农产品生产技术培训为手段，以提高生产者质量安全意识和生产保证能力为落脚点，狠抓过程控制，通过提高农业的标准化生产水平，使农产品的质量安全达到确保人民身心健康的要求。

4. 产销对接原则

产销对接原则就是通过农产品生产者与农产品批发市场两端建立自律机制，明确双方的责任和义务，并通过合同契约形式将农产品生产者与销售者的责任和义务明晰化、具体化、法治化，实现从地头到餐桌的全程控制，确保农产品生产、销售环节不出任何质量安全问题，敦促生产者与销售者安全生产、规范经营、行为自律，以保证上市销售农产品的质量安全水平。

（三）农产品质量安全管理措施

1. 加强生产过程监管，净化农产品产地环境

要分期分批创建一批农产品生产基地，要加强农产品产地管理，改善农产品生产条件，禁止违反法律、法规向农产品产地排放或者倾倒废水、废气、固体废物或者其他有毒有害物质，禁止在有毒有害物质超过规定标准的区域生产、捕捞、采集农产品和建立农产品生产基地。严格农业投入品管理，定期向社会公布禁用、限用及推荐的农业投入品品种目录，严格执行农药、兽药、饲料添加剂等农业投入品禁用和限用目录，确保在农业生产中使用的农业投入品安全可靠。

2. 推行农业标准化生产，严格执行农产品包装、标示规定

加快培育农业产业化龙头企业，扶持一批农业产业化龙头企业牵头、家庭农场和农民合作社跟进、广大小农户参与的农业产

业化联合体，带动大规模标准化生产，严格执行农业投入品使用安全间隔期或休药期的规定，禁止使用国家明令禁止的农业投入品。农产品生产企业、农民专业合作社、农业社会化服务组织要建立完善农产品生产记录，如实记载生产中使用农业投入品的情况、动物疫病和植物病虫草害的发生和防治情况以及农产品收获、屠宰、捕捞的日期等情况。要根据不同农产品的特点，逐步推行产品分级包装上市和产地标示制度。

3. 完善农产品市场准入制度，加大主体问责处罚力度

国务院农业农村主管部门应当会同国务院市场监督管理等部门建立农产品质量安全追溯协作机制。国家鼓励具备信息化条件的农产品生产经营者采用现代信息技术手段采集、留存生产记录、购销记录等生产经营信息。全面推动承诺达标合格证制度试行工作，逐步建立完善以承诺达标合格证为载体的食用农产品产地准出、市场准入衔接机制，实现地产农产品从"田间到餐桌"全过程质量安全追溯。依据《中华人民共和国农产品质量安全法》，积极探索不合格农产品召回、理赔和退出市场流通的机制，对不符合质量安全标准的农产品不仅要责令经营主体停止生产与销售，而且还要进行无害化处理或监督销毁。

4. 重视"三品一标"认证，推动农产品保障体系建设

根据农产品质量安全监管需要，积极推动农产品标准体系、检验检测体系与认证体系建设。要按照国际标准，抓紧制定急需的农产品质量安全标准，及时清理、修订过时的农业国家标准、行业标准和地方标准。要推行农产品快速检测制度，倡导在农产品生产基地、批发市场、农贸市场开展农药残留、兽药残留等有毒有害物质残留检测，及时公布检测结果。要加强农产品质量安全认证体系建设，积极推行 GAP（良好农业规范）、HACCP（危

害分析与关键控制点）体系认证，积极开展全国农产品全程质量控制技术体系（CAQS-GAP）试点工作。按照新阶段农产品"三品一标"的新内涵、新要求，通过发展绿色、有机和地理标志农产品，推行承诺达标合格证制度，探索构建农产品质量安全治理新机制。

第三节　农产品市场营销策略

一、农产品市场营销的概念

一般来说，农产品市场是由消费者、购买欲望和购买力组成的。农产品市场营销的任务就是通过一定方法或措施激起消费者的购买欲望，在消费者购买范围内满足其对农产品的需求。

农产品经营者的市场营销就是为了实现农产品经营者的目标，创造、建立、保持与目标市场之间的互利交换和关系，而对农产品经营者的设计方案的分析、计划、执行和控制。

农产品市场营销，就是在变化的市场环境中，农产品经营者以满足消费者需要为中心进行的一系列营销活动，包括市场调研、选择目标市场、产品开发、产品定价、产品促销、产品存储和运输、产品销售、提供服务等一系列与市场有关的经营活动。

二、农产品市场营销的特点

农产品市场营销与一般工业品营销不同，它具有以下几个特点。

（一）产品具有较强的自然性和生物性

农产品的生产和品质受到自然条件如气候、土壤、季节等因素的影响，具有一定的不可抗力和不可控性。例如，水果和蔬菜的生长依赖于适宜的气候和土壤条件，畜牧产品则依赖于动物的生长发育。这些产品的生产周期、产量和品质往往受自然环境的直接影响，使得农产品营销需要密切关注自然条件的变化，并采取相应的风险管理措施。

（二）销售产品具有季节性和期限性

农产品通常具有明显的季节性特征，如某些水果和蔬菜只在特定季节成熟和收获。此外，许多农产品具有一定的保质期或保鲜期，过期则品质下降或无法销售。这就要求农产品营销必须在产品成熟时迅速组织采收和销售，同时采取有效的保鲜措施，以延长产品的货架寿命，确保产品在最佳状态下销售给消费者。

（三）市场需求的批量性和多样性

农产品的市场需求通常呈现出批量性，即在产品上市季节，市场对某一类产品的需求会迅速增加。同时，消费者的口味和偏好多样化，对农产品的种类、规格、包装等有不同的需求。农产品营销需要根据市场需求的变化，灵活调整产品结构和营销策略，以满足不同消费者的需求。

（四）主流产品的稳定性

某些农产品因其广泛的消费基础和在人们日常饮食中的重要地位，成为市场上的主流产品。这类产品的需求相对稳定，不易受市场波动的影响。农产品营销应重点关注这些主流产品，通过提高产品质量、优化供应链管理等方式，巩固和扩大市场份额。

（五）政府干预的必然性

农产品关系到国计民生和社会稳定，因此政府往往会通过各种政策对农产品市场进行干预和调控。这些政策可能包括价格支持、出口补贴、进口关税、质量监管等。农产品营销需要密切关注政策变化，合理应对政府干预带来的市场机会和挑战，确保营销活动符合相关法律法规和政策导向。

三、农产品市场营销的渠道

农产品市场营销渠道是指农产品从生产者到消费者手中的流通路径，这些渠道对于农产品的销售至关重要。

（一）传统批发市场

传统批发市场是农产品流通的核心环节，它通过多层次的批发商网络将农产品从生产者传递到零售商，最终到达消费者手中。这种渠道的优势在于其广泛的覆盖范围和成熟的运营模式，能够保证农产品在全国范围内的流通。批发市场通常具备先进的物流和储存设施，有助于维持农产品的品质和延长保质期。然而，这种模式也存在一定的局限性，如信息不对称和较长的供应链可能导致成本增加和新鲜度下降。

（二）农产品直销

农产品直销模式直接连接生产者和消费者，通过简化甚至消除中间环节，可以显著降低销售成本并提高农民的收入。直销的实现形式多样，包括农场自设的直销店、社区支持农业模式，以及通过农贸市场和集市直接销售。这种模式的优势在于能够提供更加新鲜和个性化的产品，同时消费者可以直接与生产者沟通，更好地理解产品的来源和生产过程。

（三）农产品电子商务

电子商务为农产品销售提供了一个全新的平台，使得农产品能够突破地理限制，直接触达全国各地甚至国际市场的消费者。通过电商平台，农民可以实时响应市场变化，根据消费者反馈调整生产策略。此外，电商平台还提供了大数据分析等工具，帮助农民更好地理解市场需求和消费者偏好。然而，电商渠道的建立和运营需要一定的技术支持和物流配送能力，这对于部分小规模农户来说可能是一个挑战。

（四）超市和连锁零售

超市和连锁零售商通过与农产品生产者建立稳定的合作关系，直接采购农产品并销售给消费者。这种模式通过减少中间环节，不仅提高了流通效率，还有助于保证农产品的品质和新鲜度。超市和连锁零售商通常具备较强的品牌影响力和市场推广能力，可以帮助农产品建立品牌形象，扩大市场份额。同时，这种模式也为消费者提供了便捷的购物体验和多样化的产品选择。

（五）农产品加工企业

农产品加工企业通过购买原材料进行加工，增加了农产品的附加值，同时也为农民提供了更多的就业机会。加工后的农产品更易于储存和运输，能够满足消费者对便捷和多样化食品的需求。此外，农产品加工还可以帮助农民应对市场波动，通过加工转化，减少因产品滞销带来的损失。然而，加工环节的增加也可能导致成本上升，对加工技术和设备的要求也较高。

（六）农民专业合作社和农民组织

农民专业合作社和农民组织通过集体行动，增强了农民的市场议价能力和风险抵御能力。这些组织可以为农民提供市场信息、技术支持、质量控制和品牌推广等服务，帮助农产品更好地进入市场。农民专业合作社模式还有助于实现规模化生产和标准化管理，提高农产品的市场竞争力。通过农民专业合作社，农民可以共享资源，降低生产成本，同时通过集体品牌提升产品形象。

农产品市场营销渠道的多样化为农产品的销售提供了多种选择，每种渠道都有其独特的优势和挑战。农产品生产者和销售者应根据自身条件和市场需求，选择或结合适合的营销渠道，以实现最佳的市场表现。

第三章　农业农村法律法规与权益保护

第一节　农村法律法规概述

农业法律法规是规范农业生产、经营和管理活动的重要工具，它们为农业发展提供了制度保障，确保了农业的可持续发展和农民的合法权益。新中国成立后，农业法治建设经历了从探索阶段到现代化的过程。早期的农业立法着重于农业生产关系的变革和调整，随着时间的推移，农业法律法规体系不断完善，逐步形成了以农业法为基础的法律法规体系。

一、综合法律法规

综合法律法规主要包括《中华人民共和国农业法》《中华人民共和国乡村振兴促进法》《中华人民共和国粮食安全保障法》《中华人民共和国黑土地保护法》《中华人民共和国农业技术推广法》《农业行政处罚程序规定》《规范农业行政处罚自由裁量权办法》《农业行政许可听证程序规定》《农业农村部行政许可实施管理办法》等。

二、农资法律法规

农资法律法规主要包括《中华人民共和国种子法》《农作物

种子生产经营许可管理办法》《农作物种子质量纠纷田间现场鉴定办法》《农作物种质资源管理办法》《进出口农作物种子（苗）管理暂行办法》《农作物种子质量监督抽查管理办法》《农作物种子生产经营许可管理办法》《农作物种子标签和使用说明管理办法》《农作物种子质量检验机构考核管理办法》《农药管理条例》《农药登记管理办法》《农药登记试验管理办法》《农药生产许可管理办法》《农药标签和说明书管理办法》《农药包装废弃物回收处理管理办法》《肥料登记管理办法》《农业野生植物保护办法》《植物检疫条例实施细则（农业部分）》《食用菌菌种管理办法》《主要农作物品种审定办法》《非主要农作物品种登记办法》等。

三、农机法律法规

农机法律法规主要包括《无人驾驶航空器飞行管理暂行条例》《农业机械事故处理办法》《联合收割机跨区作业管理办法》《拖拉机驾驶培训管理办法》《农业机械维修管理规定》《农业机械质量调查办法》《拖拉机和联合收割机驾驶证管理规定》《拖拉机和联合收割机登记规定》《农业机械试验鉴定办法》等。

四、农产品法律法规

农产品法律法规主要包括《中华人民共和国农产品质量安全法》《农产品质量安全监测管理办法》《农业转基因生物安全评价管理办法》《农业转基因生物进口安全管理办法》《农业转基因生物标识管理办法》《农业转基因生物加工审批办法》《农产品产地安全管理办法》等。

五、渔业法律法规

渔业法律法规主要包括《中华人民共和国渔业法》《渔业捕捞许可管理规定》《中华人民共和国渔业船员管理办法》《渔业行政处罚规定》《渔业船舶船名规定》《水产苗种管理办法》《水产养殖质量安全管理规定》《水产种质资源保护区管理暂行办法》《中华人民共和国渔业船舶登记办法》《水生野生动物及其制品价值评估办法》《远洋渔业管理规定》等。

六、土地管理法律法规

土地管理法律法规主要包括《中华人民共和国土地管理法》（以下简称《土地管理法》）、《中华人民共和国农村土地承包法》（以下简称《农村土地承包法》）、《中华人民共和国农村土地承包经营权证管理办法》《农村土地承包经营纠纷仲裁规则》《农村土地承包仲裁委员会示范章程》《农村土地经营权流转管理办法》《农村集体经济组织审计规定》等。

第二节　农民权益保护与维权途径

一、农民的权益保护

农民权益是指农村居民作为社会成员、国家公民应享有的权利以及这些权利在法律上的反映、体现和实现程度。农民权益的表现形式多种多样，但最重要的是关于农民经济、政治和社会权益。

（一）农民的经济权益

土地权益是农民诸多权益的重中之重，保护农民的土地权利，是对农民权益最直接、最具体、最实在的保护。但目前在土地征用方面普遍存在侵害农民权益的问题。因此，各级机关应加强执法监督，保证《土地管理法》《农村土地承包法》等法律法规得到切实有效的实施。要坚决纠正乱占滥用耕地，违法转让农村土地，随意破坏农村土地承包关系，造成农民失地又失业，严重损害农民利益和国家利益的行为。

保护农民的经济权益，首先要确认农民的土地承包权利。土地是农业生产的最基本要素，也是农民最基本的生活保障和最核心的利益问题。农民在土地方面面临的突出问题主要有以下3个。一是土地承包关系不稳定。一些地方仍存在承包期内随意调整承包地的现象，一些村集体甚至违背农民意愿，违法收回农户承包地，侵害了农民的合法权益。农民承包地块面积不准、四至不清、位置不明、期限不定等情况也很普遍。二是土地流转机制不健全。一些地方土地流转存在求大、求快倾向，超越了当地农村劳动力转移的速度。还有一些地方为吸引投资，行政推动土地大规模向工商资本集中，出现了与农民争利和"土地非农化"现象。一些地方土地流转市场不完善，农民的土地流转收益得不到保障，农民对土地流转心存顾虑，不敢流转、不愿流转。三是财产权益保障不力。主要是征地过程中侵害农民利益的问题比较突出。一些地方征地规模过大，不尊重农民意愿，强行征地，补偿标准太低，对失地农民不能妥善安置。这方面的问题解决不好，会妨碍现代农业发展，损害农民利益，影响农村长期稳定。

保护农民的经济权益，还应充分发挥村民委员会、农业合作社等民间力量在农村纠纷中的调解作用，发挥各级行政机关的行政解决机制，发挥各级人民法院在农村纠纷中的诉讼解决机制，构建起农民权益受损后的多元救济途径。

（二）农民的政治权益

政治权益是经济利益的根本保障。一个政治权益没有保障的社会阶层，其经济利益也不会得到保障。因此，应加强对农民政治权益的保护。要在各级人民代表大会中增加农民代表名额，扩大民意诉求通道，保证农民以合法正当的方式表达自己的权益。要解决县、乡（镇）农民代表中代表素质不高、代表意识不强的问题，不断提高农民代表履行职责的能力和水平，以有效地维护农民群众的合法权益。还要加强对《中华人民共和国村民委员会组织法》（以下简称《村民委员会组织法》）实施情况的监督检查，加快推进基层民主政治建设，拓展农民利益表达渠道，健全村民议事会、监事会等农村自治组织和各类经济合作组织，积极推行"村务公开、村民自治"，真正做到民主选举、民主决策、民主管理、民主监督，使农民在村集体公共事务决策中有制度性的"话语权"，保障农民公平竞争、平等发展的机会和条件。同时，要强化对农民的法律援助工作，为其保护自身合法权益提供免费的法律服务。

《村民委员会组织法》是保障村民充分行使民主自治权利的法律依据，反映了广大农民的愿望，代表了农民的根本利益。《村民委员会组织法》具体规定了民主选举、民主议事、民主决策以及财务公开、民主评议和村民委员会定期报告工作为主要内容的民主监督制度。其中，村务公开制度是实现民主监督的中心环节，也是实行村民自治的关键。该法规定了村民委员会应当及时公布的具体事项，即财务事项至少每六个月公布一次，接受村民的监督。村民委员会应当保证公布内容的真实性，并接受村民的查询。财务公开制度的贯彻落实具有多方面积极意义和作用。

（三）农民的社会权益

农民的社会权益主要有劳动就业权、受教育权、社会保障权、受尊重权、婚姻家庭继承权等。

农民进城打工，应当受到法律保护，国家应健全农民工权益保护体系。进一步健全相关法律制度，明确农民工的基本权利和合法权益，对农民工的职业培训、就业指导、劳动条件、居住环境、政治权利、子女入学等作出具体规定。加大劳动执法力度，明确监督主体的职责和权限，建立严格而科学的执法监督机制。

提高农民工素质，增强其就业能力和维权意识。鼓励用人单位和社会力量开展农民工职业技能培训，引导农民工参加培训；加强法治宣传，让农民工了解法律援助、劳动仲裁和民事诉讼等相关法律知识以及自身所享有的合法权益，引导他们通过法律手段维护合法权益；加强服务农民的法律援助机构和队伍建设；逐步建立国家财政支持与社会慈善行为相结合的法律援助模式，加强对农民的法律援助。

司法部门在承接农民、农民工的诉讼请求时，应在坚持秉公执法的前提下，给予其更多的帮助和方便。有关组织、协会（如妇联、工会、产业协会）等应对农民和农民工的诉讼请求提供帮助，降低其维权成本。

二、农民的维权途径

（一）法律途径

农民可以通过向法院提起诉讼来解决劳动争议、土地纠纷等问题。在这一过程中，农民需要收集相关证据，如合同、协议、工资条、工作记录等，以证明其权益受到侵害。此外，农民还可以申请劳动仲裁，尤其是针对工资拖欠、工伤赔偿等问题。法律途径是维权的基础，通过司法程序保障农民的合法权益。

（二）行政投诉

农民可以向当地的劳动保障部门、农业农村部门或其他相关政府机构提出投诉。这些部门通常设有投诉窗口或热线电话，如"12345"政务服务便民热线，农民可以通过这些渠道反映问题并寻求政府的帮助和干预。行政投诉途径相对快速，能够及时解决一些紧急问题。

（三）法律援助

对于经济条件较差或法律知识不足的农民，可以寻求法律援助。各地都设有法律援助中心，为符合条件的农民提供免费的法律咨询、代理诉讼等服务。法律援助有助于保障农民在法律面前的平等权利，确保他们能够有效地维护自己的合法权益。

第三节　农村土地流转与法律规定

一、土地流转及其意义

（一）什么是土地流转

我国农村土地实行集体所有权、农户承包权、土地经营权"三权"分置。土地流转是指土地经营权流转。农村土地经营权流转是指在承包方与发包方承包关系保持不变的前提下，承包方依法在一定期限内将土地经营权部分或者全部交由他人自主开展农业生产经营的行为。土地流转，不涉及所有权的转移，土地仍归村集体所有。

（二）农村土地流转的意义

1. 有利于提高土地利用效率

土地流转有利于"盘活"撂荒土地，夯实现代农业发展基础，让土地"流"出活力，"转"出后劲。通过土地流转，可以实现农村土地的集约化利用，提高土地利用效率。流转后的土地可以更好地用于现代农业生产，进一步提高农业产值和效益。

2. 有利于促进农业现代化

目前土地流转制度允许农民将自己的土地流转出去，以获得更高的收益。同时，政府也通过土地流转制度改革，鼓励更多的投资者进入农村，推动农业现代化。通过土地流转，可以促进农业现代化进程，引入现代农业科技和农业经营管理，提高农业生产效率和质量，能够为乡村振兴注入新动能。

3. 有利于提高农民收入

通过土地流转，可以增加农民的收入来源。流转后的土地通过规模化经营和专业化管理，可以更好地用于现代农业生产，增加农民的农业产值和效益，从而提高农民收入。

4. 有利于促进农村经济发展

通过土地流转，形成农业产业集群和农村旅游观光产业，进一步推动农村经济结构调整和转型升级，促进农村经济发展，提高农村经济发展水平和竞争力。

5. 有利于推动农村社会稳定和谐发展

通过土地流转，可以提供更多的农村就业、创业机会，通过增加收入来源改善农民的生产生活条件，提高农民的获得感和幸福感，从而进一步推动农村地区社会稳定和谐发展。

二、土地流转的方式

根据《农村土地经营权流转管理办法》的规定，承包方在遵守相关法律法规和国家政策的前提下，可以选择多种方式流转土地经营权，以实现土地资源的优化配置和农业生产效率的提升。具体流转方式包括以下几种。

（一）出租（转包）

出租（转包）是指承包方将部分或者全部土地经营权，租赁给他人从事农业生产经营。在出租期间，原承包方继续保留承包土地的权利，而承租方则获得土地的使用权，并按照约定的条件和期限支付租金。这种方式适用于承包方因各种原因无法亲自耕种土地时，通过出租给其他农户或经营主体，以保持土地的农业用途。

（二）入股

入股是指承包方将部分或者全部土地经营权作价出资，成为公司、合作经济组织等股东或者成员，并用于农业生产经营。入股后，承包方按照股份或协议约定分享经营收益和风险。这种方式有助于集中土地资源，促进农业规模化、集约化经营，同时也为承包方提供了参与农业产业化经营的机会。

（三）其他符合法律和国家政策规定的方式

除了出租（转包）和入股，还有其他流转方式，如互换、转让等。互换是指承包方之间为了方便耕作或各自需要，对承包土地进行交换。转让则是指承包方在有稳定非农职业或收入来源的情况下，经申请和发包方同意，将土地承包经营权让渡给其他农户。这些方式都需要遵循依法、自愿、有偿的原则，并确保不改变土地的农业用途。

三、土地流转的基本流程

（一）申请受理

由全国各区县政府组织，流出土地农户应提供身份证、农村土地承包经营权证、土地流转申请表；以村为单位统一流转的，应提供农户委托流转协议、流转委托书。流入方应提供身份证（或企业营业执照）、资信和经营技能证明等材料。村经济合作社要做好流出土地农户信息的收集、审核、汇总、上报。

（二）调查核实

根据流转委托对需流出的土地和需要土地的主体进行调查、核实。对流出土地主要调查土地的准确位置、面积、质量、有无权属纠纷等,对流入主体主要调查主体资格、资信状况、土地用途等。

（三）信息发布

对流转双方的信息进行收集整理,建立流转台账,将流出土地（包括位置、面积、价格、适宜用途、流转期限等）和需求主体（包括单位、价格、拟经营项目等）信息通过显示屏和网络向社会公布,向流转双方提供信息咨询。

（四）组织洽谈

组织有流转意向的双方进行协商与洽谈。对同一宗土地有多个需求主体的,由服务组织统一组织竞标。

（五）签订合同

双方洽谈一致后,在服务组织的指导下签订规范的流转合同,支付流转费用（在合同签订后 5 个工作日之内必须由区县政府颁发土地流转经营权证）。

承包方流转土地经营权,应当与受让方在协商一致的基础上签订书面流转合同,并向发包方备案。承包方将土地交由他人代耕不超过一年的,可以不签订书面合同。

土地经营权流转合同一般包括以下内容:双方当事人的姓名或者名称、住所、联系方式等;流转土地的名称、四至、面积、质量等级、土地类型、地块代码等;流转的期限和起止日期;流转方式;流转土地的用途;双方当事人的权利和义务;流转价款或者股份分红,以及支付方式和支付时间;合同到期后地上附着物及相关设施的处理;土地被依法征收、征用、占用时有关补偿费的归属;违约责任。

四、土地流转的法律规定

（一）相关政策法规

《中华人民共和国农村土地承包法》第二章第五节规定了农

村土地承包经营权流转的问题。《中华人民共和国农村土地承包法》规定：承包方承包土地后，享有土地承包经营权，可以自己经营，也可以保留土地承包权，流转其承包的土地经营权，由他人经营；国家保护承包方依法、自愿、有偿流转土地经营权，保护土地经营权人的合法权益，任何组织和个人不得侵害。

《农村土地经营权流转管理办法》是当前农村土地经营权流转的最重要规章。《农村土地经营权流转管理办法》规定：农村土地经营权流转，是指在承包方与发包方承包关系保持不变的前提下，承包方依法在一定期限内将土地经营权部分或者全部交由他人自主开展农业生产经营的行为；承包方可以采取出租（转包）、入股或者其他符合有关法律和国家政策规定的方式流转土地经营权。

（二）农村土地流转应遵循的原则

土地经营权流转应当坚持农村土地农民集体所有、农户家庭承包经营的基本制度，保持农村土地承包关系稳定且长久不变，遵循依法、自愿、有偿原则，任何组织和个人不得强迫或者阻碍承包方流转土地经营权。土地流转不得改变土地所有权的性质和土地的农业用途，不得破坏农业综合生产能力和农业生态环境；流转期限不得超过承包期的剩余期限；流转的受让方须有农业经营能力或者资质；在同等条件下，本集体经济组织成员享有优先权。

（三）土地流转禁止性的规定

土地经营权流转有"四不得"：土地经营权流转不得损害农村集体经济组织和利害关系人的合法权益，不得破坏农业综合生产能力和农业生态环境，不得改变承包土地的所有权性质，不得改变农业用途，确保农地农用，优先用于粮食生产，制止耕地"非农化"、防止耕地"非粮化"。

（四）土地流转的管理部门

《农村土地经营权流转管理办法》规定，农业农村部负责全国土地经营权流转及流转合同管理的指导。县级以上地方人民政府农业农村主管（农村经营管理）部门依照职责，负责本行政区域内土地经营权流转及流转合同管理。乡（镇）人民政府负责本行政区域内土地经营权流转及流转合同管理。

（五）对土地流转的受让方的要求

土地经营权流转的受让方应当为具有农业经营能力或者资质的组织和个人。在同等条件下，本集体经济组织成员享有优先权。受让方应当依照有关法律法规保护土地，受让方使用土地有"三禁止"：禁止改变土地的农业用途；禁止闲置、荒芜耕地；禁止占用耕地建窑、建坟或者擅自在耕地上建房、挖砂、采石、采矿、取土等；禁止占用永久基本农田发展林果业和挖塘养鱼。受让方将流转取得的土地经营权再流转以及向金融机构融资担保的，应当事先取得承包方书面同意，并向发包方备案。土地经营权人有权在合同约定的期限内占有农村土地，自主开展农业生产经营并取得收益。

（六）土地流转纠纷的处理

土地经营权流转发生争议或者纠纷的，当事人可以协商解决，也可以请求村民委员会、乡（镇）人民政府等进行调解。当事人不愿意协商、调解或者协商、调解不成的，可以向农村土地承包仲裁机构申请仲裁，也可以直接向人民法院提起诉讼。

第四章 农村生态文明与环境保护

第一节 农村生态文明建设的重要性

农村生态文明建设是我国生态文明建设的重要组成部分，关系民生福祉，关乎乡村振兴和农业农村现代化。农村生态文明建设具有重要意义。

一、深入践行习近平生态文明思想的重要举措

保护生态环境，促进绿色发展，建设美丽中国是习近平生态文明思想的基本要求，农业农村是实现生态文明和美丽中国建设不可或缺的重要单元。开展农村生态文明建设，是以习近平同志为核心的党中央从战略和全局高度作出的重大决策，更是深入践行习近平生态文明思想的重要举措和行动。

二、推进乡村振兴、实现共同富裕的重要内容

农村生态文明建设在推进乡村振兴和实现共同富裕中占据着举足轻重的地位。乡村振兴并非仅仅是经济的振兴，更是生态、文化、社会等多方面的全面振兴。生态宜居作为乡村振兴的内在要求，凸显了生态文明建设在乡村发展中的关键作用。一个环境优美、生态和谐的乡村，不仅能够吸引更多游客，促进乡村旅游和相关产业的发展，还能为当地居民创造更好的生活环境，进而

提升其生活质量和幸福感。

同时，农村生态文明建设也是实现共同富裕的重要途径。共同富裕并不仅仅局限于物质财富的积累，更包括精神层面的富足和生态环境的改善。农村生态文明建设通过提升乡村生态环境质量，为农民提供了更加宜居的生活环境，这既体现了物质层面的富裕，也满足了农民对美好生活的精神追求。此外，生态文明建设还有助于培养农民的环保意识，引导农民形成绿色、健康的生活方式，从而推动整个社会向着更加绿色、可持续的方向发展。

三、农民群众对美好生活向往中的愿景要求

随着生活水平的不断提高，农民群众对于美好生活的向往也日益强烈，渴望拥有干净的水源、清新的空气、安全的食品以及优美的生态环境。这种对美好生活的追求，不仅体现在物质生活的丰富上，更体现在对高品质生态环境的渴望上。

农村生态文明建设正是回应了农民群众这一愿景要求。通过大力推进生态文明建设，可以为农民提供更多优质的生态产品和服务，如绿色食品、生态旅游等，从而满足农民对高品质生活的追求。同时，生态文明建设还有助于改善乡村的整体环境，提升农民的生活质量，让农民在享受物质生活的同时，也能感受到自然之美和生态之和谐。这不仅是对农民群众美好生活向往的积极回应，也是推动乡村全面振兴、实现共同富裕的重要举措。

第二节 农业生产中的环境保护措施

农业生产是国民经济的基础，同时也是环境的重要影响因素。随着社会经济的发展和人们环保意识的提高，农业生产中的环境保护措施越来越受到重视。本章主要探讨在农业生产中实施

的环境保护措施，以及这些措施的实施对于促进农业可持续发展的重要性。

一、实施化肥、农药零增长行动

化肥和农药是现代农业生产中不可或缺的物质，但过量使用会对环境造成严重污染。为了减少化肥和农药的使用，可以采取以下措施。

（一）扩大测土配方施肥的实施范围

测土配方施肥是一种科学的施肥方法，它基于对土壤养分状况的深入了解和分析。通过对土壤进行定期检测，可以准确掌握土壤中的养分含量，从而为作物提供恰当的肥料种类和用量。这种方法不仅能够减少化肥的使用量，避免资源浪费，还能够提高作物的生长质量和产量。此外，通过合理施肥，还能够减少化肥对环境的污染，保护土壤健康和生态平衡。

（二）推进新型化肥产品的研发与应用

随着科技的进步，新型化肥产品不断涌现。缓释肥、生物肥等新型化肥具有更高的养分利用效率和更低的环境风险。这些化肥能够在作物生长的不同阶段持续释放养分，减少养分流失和环境污染。此外，新型化肥的研发和推广还需要政府和企业的共同努力，通过政策支持和市场推广，加速新型化肥的普及和应用。

（三）鼓励开展秸秆还田和增施有机肥

秸秆还田是一种有效的土壤管理方法，它可以将作物残留物重新利用，增加土壤有机质含量，改善土壤结构，提高土壤的保水保肥能力。同时，增施有机肥能够提供作物所需的全面营养，增强作物的抗病能力，减少化肥的使用。这种方法不仅能够提高土壤肥力，还能够减少化肥对环境的污染，促进农业的可持续发展。

（四）构建完善的病虫害监测预警体系

病虫害是影响作物生长和产量的重要因素。通过建立病虫害监测网络，可以及时掌握病虫害的发生情况，为农民提供科学的用药指导。这样可以避免盲目用药，减少农药的使用量，同时提高农药的使用效率。此外，病虫害监测预警体系还可以帮助农民提前采取预防措施，减少病虫害对作物的损害。

（五）加快绿色防控体系的推广

绿色防控是指采用非化学方法进行病虫害防治的一种农业管理方式。生物防治、物理防治等绿色防控方法能够有效控制病虫害，减少化学农药的使用。例如，通过引入天敌、使用性信息素诱捕等生物防治方法，可以减少对化学农药的依赖。绿色防控不仅能够保护环境，还能够维护生态平衡，促进农业的可持续发展。

（六）鼓励使用低毒生物农药

与传统化学农药相比，生物农药具有低毒性、低残留、对环境和人体健康影响小等优点。推广使用生物农药，可以减少化学农药对环境的污染，保护生态系统的健康。同时，生物农药的研发和应用也需要政策的支持和市场的推动，以促进其在农业生产中的广泛应用。

二、解决农田残膜污染

农田残膜是指农业生产中使用的塑料薄膜。塑料薄膜的使用虽然在短期内提高了农作物的产量，但长期积累的残膜会对土壤结构和生态环境造成严重的负面影响。为了有效解决这一问题，可以采取以下措施。

（一）推广农田残膜的可降解回收技术

研发和应用生物降解地膜是一种有效的解决方案。这种地膜由特殊的生物材料制成，可以在一定时间内被自然界的微生物分解，从而减少对环境的长期影响。同时，建立完善的残膜回收机制，通过政策激励和经济补贴等手段，鼓励农民在收获后及时回收残膜，避免其在土壤中长期残留。此外，可以探索残膜的再利用途径，如将回收的残膜加工成其他塑料制品，实现资源的循环利用。

（二）加强农民环保意识的培养

提高农民对农田残膜污染的认识是解决这一问题的关键。通过组织培训班、发放宣传资料、举办现场演示等形式，向农民普及农田残膜对环境的危害以及正确处理残膜的方法。此外，可以通过媒体宣传、公益广告等方式，提高公众对农田残膜污染问题的关注度，形成全社会共同参与的良好氛围。同时，政府和相关部门应加强对农民的技术支持和指导，帮助他们掌握残膜回收和处理的技术和方法。

（三）完善农田残膜回收的政策支持和市场机制

政府应出台相关政策，对农田残膜回收和处理给予必要的支持和鼓励。例如，可以通过财政补贴、税收减免等措施，降低回收残膜的成本，提高农民的积极性。同时，建立残膜回收的市场机制，通过市场化运作，促进残膜回收行业的健康发展。此外，加强对农田残膜回收企业的监管，确保回收残膜得到妥善处理，避免二次污染。

（四）开展农田残膜污染的科学研究和技术创新

鼓励科研机构和企业开展农田残膜污染的相关研究，不断探索新的解决方案。例如，研究更加高效、低成本的残膜回收技术，开发新型的生物降解材料，提高残膜的降解速度和效果。通过科技创新，为农田残膜污染的治理提供更加有效的技术支持。

三、秸秆资源化利用

秸秆是农业生产中产生的大量副产品。如果秸秆得到合理利用，不仅可以减少环境污染，还能够转化为有价值的资源，促进农业的可持续发展。下面是几种秸秆资源化利用的有效途径。

（一）秸秆直接还田

秸秆直接还田是一种有效的土壤管理技术，通过将收获后的秸秆粉碎并均匀地铺撒在田间，然后翻入土壤中，可以使秸秆在土壤中分解，增加土壤有机质含量，提高土壤的保水和保肥能力，从而改善土壤结构和提高土壤肥力。这种方法不仅有助于减少化肥的使用，降低农业生产成本，还能够提高作物的产量和品质。此外，秸秆还田还能够减少秸秆焚烧带来的空气污染问题，有利于环境保护。

（二）秸秆肥料化

秸秆肥料化是将秸秆通过堆肥、发酵等方式转化为有机肥料的过程。在这一过程中，秸秆中的有机物质被微生物分解，转化为植物可吸收的营养元素，同时产生的热量可以杀死病原菌和害虫，减少病虫害的发生。制成的有机肥料可以用于农业生产，提供作物生长所需的养分，提高土壤的生物活性，增强土壤的自然肥力。此外，秸秆肥料化还可以减少化肥的使用，降低农业生产对环境的影响。

（三）秸秆饲料化

秸秆饲料化是将秸秆作为饲料资源利用的一种方式。经过适当的处理，如粉碎、发酵、压块等，秸秆可以转化为优质的饲料，用于畜牧业生产。秸秆饲料不仅营养丰富，而且成本低廉，可以作为畜牧业的重要饲料来源。此外，秸秆饲料化还可以减少对传统饲料资源的依赖，降低饲料成本，提高畜牧业的经济效益。同时，通过秸秆饲料化，可以促进农业与畜牧业的循环发展，实现资源的高效利用。

（四）秸秆能源化利用

秸秆能源化利用是将秸秆转化为可再生能源的过程。秸秆可以通过热解、气化、液化等技术转化为生物质炭、生物质气、生物柴油等能源产品。这些生物质能源具有清洁、可再生的特点，可以替代部分化石能源，减少对传统能源的依赖，降低温室气体排放。此外，秸秆能源化利用可以为农村地区提供新的经济增长点，增加农民收入，推动农村经济的发展。同时，秸秆能源化可以有效减少秸秆焚烧带来的环境污染，有利于改善空气质量。

四、养殖业污染防治

养殖业作为农业生产的重要组成部分，对保障人民生活和促进经济发展起到了关键作用。然而，养殖业在带来经济效益的同时，也伴随着环境污染问题。为了有效防止养殖业污染，可以采取以下措施。

（一）统筹考虑环境承载能力

在养殖业的规划和布局阶段，必须充分考虑环境的承载能力，确保养殖业的规模和强度与环境的自净能力相匹配。这意味着在养殖区域的选择上，应避免敏感区域和生态脆弱区域，同时考虑养殖规模与当地水资源、土地资源等环境因素的协调性。通过这种方式，可以有效预防和减轻养殖业对环境的负面影响，实现养殖业与生态环境的和谐共生。

（二）科学规划布局畜禽养殖

科学规划是实现养殖业可持续发展的关键。应按照农牧结合、种养平衡的原则，合理布局畜禽养殖场。例如，可以将养殖场建在农田附近，利用畜禽粪便作为有机肥料，既解决了养殖场

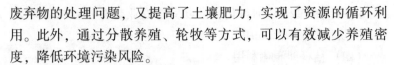
废弃物的处理问题，又提高了土壤肥力，实现了资源的循环利用。此外，通过分散养殖、轮牧等方式，可以有效减少养殖密度，降低环境污染风险。

(三) 推广生态养殖模式

生态养殖模式是一种以模拟自然生态系统为基础，通过优化养殖环境和管理方式，减少养殖废弃物产生和排放的养殖方法。这种模式强调动物福利、减少药物使用、提高资源利用效率，旨在实现养殖业与环境的和谐共存。例如，可以采用循环水养殖系统减少水体污染，或者利用生物床、微生物发酵等技术处理畜禽粪便，减少氨气和硫化氢等有害气体的排放。

(四) 加强废弃物处理和利用

对养殖过程中产生的废弃物进行有效处理和资源化利用，是防止养殖业污染的重要环节。可以采用多种技术手段，如沼气发酵、堆肥化、生物转化等，将畜禽粪便转化为沼气、有机肥料或其他有用的产品。这样不仅可以减少废弃物对环境的污染，还能够为农业生产提供可再生能源和有机肥料，实现废弃物的高值化利用。

第三节　农村人居环境整治

一、农村生活污水处理

随着农村经济快速发展和农民生活水平不断提高，农村生活污水排放量逐年增加，未经处理直接排放的情况日益严重，对环境造成了严重影响。因此，加强农村生活污水治理，提高污水处理率和处理质量，成为当前保护农村生态环境、提升农民生活品质、促进农业可持续发展的重要举措。

（一）推进农村污水治理的策略

1. 因地制宜采用合适的建设模式和处理工艺

农村污水治理的首要策略是因地制宜地选择合适的建设模式和处理工艺。这意味着在治理前要进行深入的实地调研，充分了解各地的自然条件、人口分布、污水量以及现有的污水处理设施等实际情况。针对不同地区的具体情况，要科学评估并选择最合适的污水处理方式。例如，在人口密集、污水量大的地区，集中处理方式可能更为高效和经济，可以通过建设大型污水处理厂来统一处理污水。而对于人口分散、污水量小的地区，分散处理方式会更加灵活和实用，可以利用小型污水处理设备或者自然净化方式来处理污水。在选择处理工艺时，还应注重工程措施和生态环境保护措施的有机结合，既要确保污水处理效果达标，又要尽可能减少对生态环境的破坏，实现污水治理与生态保护的双赢。

2. 推动城镇污水处理设施和服务向周边农村延伸覆盖

为了进一步提高农村污水治理的效率和质量，可以推动城镇污水处理设施和服务向周边农村延伸覆盖。这一策略的实施需要充分考虑城乡之间的地理、经济和社会联系。在有条件的地方，通过城乡统筹规划，将城镇的污水处理设施和服务扩展到农村地区，不仅可以节省农村地区单独建设污水处理设施的成本，还能确保污水处理的专业性和高效性。同时，这也有助于促进城乡一体化发展，缩小城乡差距，实现公共服务的均等化。在实施过程中，要关注设施连接的可行性、污水运输的成本效益分析以及农村地区对污水处理服务的需求和支付能力等问题，确保这一策略的顺利实施和可持续发展。

3. 鼓励采用生态治理工艺

在农村污水治理中，应积极鼓励采用生态治理工艺。生态治理工艺主要利用自然界的自净能力来处理污水，具有成本低、效果好、可持续性强等优点。这种工艺不仅可以有效去除污水中的有害物质，还能促进生态系统的平衡和发展。例如，人工湿地、稳定塘、生态沟渠等多种生态治理工艺可供选择。在实施过程中，要根据具体条件选择合适的工艺类型，并进行科学合理的设计和管理，以确保其长期稳定运行并达到预期的处理效果。

4. 采取综合措施恢复水生态

农村污水治理的最终目标是恢复和保护水生态环境。因此，在治理过程中，要采取综合措施来恢复水生态。这包括但不限于植被恢复、水域生态修复、底泥治理等方面的工作。通过植被恢复可以增加水体的自净能力并减少水土流失；水域生态修复可以通过重建水生生物群落来改善水质并增强生态系统的稳定性；底泥治理则可以减少内源污染并防止二次污染的发生。这些综合措施的实施需要科学规划和技术支持，同时还需要政府、企业和社会的共同努力和投入才能实现水生态环境的持续改善和优化。

（二）农村生活污水处理方法

1. 生活污水净化沼气池处理

生活污水净化沼气池处理技术能够适应农村的生活污水处理，具有节俭、能够体现环境与社会效益相结合的处理方法。沼气池将污水中的有机物通过厌氧发酵后产生沼气，人们再利用沼气做饭、发电等，做到循环利用。经过处理的生活污水，去除了大部分有机物，达到净化的目的，然后排放。处理后的水可以用来浇花，或者用作喷泉。生活污水净化沼气池取代了传统的化粪池，目前生活污水净化沼气池工艺已经得到了很大的提高，技术完善度也比较成型，农村生活污水的处理水平也会有所提高。

2. 土地渗滤处理

土地渗滤处理技术是利用大自然的自动净化能力，将污水中的有机物通过土层或者植被运用物理、化学、生物等作用吸附，对污水中的有机物进行再次利用，使植被长得更加茂盛，对污水中的有机物进行降解。

在污水处理过程中，常常会模仿大自然的这种效果进行过滤，将污水中的有机物进行降解与分离，适用于农村生活污水的处理。

3. 人工湿地处理

人工湿地是模仿大自然的湿地系统建造的处理农村生活污水的一种技术。建造成的构筑物，在此底部，按照一定的技术规划来填料进行污水处理。这些填料有石子、沙子等，在此表层种植一些适应生活污水生存条件的植被，通过生态系统内的微生物或者植物的协同作用，实现污染物的处理与净化。人工湿地经济实用，适合于处理农村的生活污水。此污水处理技术已被广泛应用，比较适合农村。

4. 生物滤池处理

生物滤池中由碎石、塑料制品做成填料，而微生物依附在填料上，生长成生物群落，当污水进入生物滤池后，瞬间形成一个反应器，将污水中的有机物进行分解。填料截留过滤污水中的大颗粒物和悬浮物，起到过滤池的作用。过滤池中的微生物可以将大分子的不溶性的物质水解转化为小分子的可溶性物质，起到水解的作用。过流程池中的微生物吸附、吸收水中的有机污染物，一部分作用于自身的生长繁殖与代谢，一部分将有机污染物进行分解产生沼气排放出去。

5. 太阳能/风能微动力污水处理

太阳能/风能微动力污水处理技术是以传统"A2/O"工艺为基础，由太阳能光伏板、小型风力发电机、蓄电池组、曝气系统、回流系统、微电脑控制系统和远程通信系统等组成，通过太阳能光伏板将太阳能转为电能，结合小型风力发电机发电作为曝气设施、回流设施的动力，而多余能量则储存于蓄电池中；根据优化调试后的数据，通过微电脑控制系统，完成自动化控制，自动运行曝气设施、回流设施及搅拌设施。其经过积水、厌氧生物处理、接触氧化、沉淀，从而达标排放。

6. 一体化污水处理设备处理

一体化污水处理设备采用碳钢或者玻璃钢材质制作，具有易于运输、方便安装的特点。玻璃钢一体化污水处理设备可以全埋、半埋于地下，也可放置地面，节省占地面积。污水处理设备出水无污染、无异味，减少二次污染。污水处理设备机动灵活，可单个使用，也可组合使用。污水处理设备配有 PLC 自动控制系统和故障报警装置，运行安全可靠，无须专人管理，后期运行成本低。

(三) 农村生活污水处理模式

1. 城乡统一处理模式

城乡统一处理模式是指邻近市区或城镇可铺设污水管网的村落，当污水收集后接入邻近的市政污水管网，由城镇污水处理厂统一处理。该模式在村庄附近无须就地建设污水处理站，具有较高的经济性，但对村落条件要求较高，适用于 2 种类型的村庄：一是村落内市政污水管道可直接穿过；二是生活污水可依靠重力流直接流入市政污水管网，且距离市政污水管网 5 公里内的城市近郊村庄。有些学者认为，在合理的条件下城乡统一处理最具经济性，农村生活污水处理应按照"集中收集污水接入城镇污水管网处理—集中收集污水就地处理—分散处理"的次序进行选择。相比于其他模式，城乡统一处理的优势在于处理效果最具保证性，水量水质变化对工程影响小，工程生命周期长，管护方便等。但是一旦村庄距离市政管网较远或是村庄人口较少，城乡统一处理将产生很高的管道建设费用，从而不经济，因此这种模式仅局限于距离市政污水管道较近的农村地区。

2. 村落集中处理模式

村落集中处理模式针对村庄农户居住集中、全部或部分具备管网铺设条件的村落，是我国农村生活污水处理中普遍应用的方式，通过在村庄附近建设一处农村生活污水处理设施，将村庄内全部污水集中收集，输送至此就地处理。就我国广大农村区域而言，村落之间呈连片或独立分散分布，地势平坦，人口居住较为集中，某些村落生活污水无法集中纳入市政管网，村落集中处理模式能够满足现阶段大部分需要建设处理工程的村落特征，成为当前国内外处理生活污水的新理念。该模式需要一定的基建费用以及日常维护工作，适用于距离城市管网较远的农村居民集中居住地和居民小区生活污水的收集和处理。

3. 农户分散处理模式

农户分散处理模式主要针对当前无法集中铺设管网或集中收集处理的村落。在这种情况下，对污水处理有 2 种方式。一是在农户自家庭院内建设污水处理设施或采用移动污水处理车进行污水处理，从而达到净化水质的目的。这种处理方式适用于居住较为分散的山区，农户居住分布较远，管网建设费用较高，加上村落规模较小，仅由几户构成，且附近没有污水处理站。二是运用污水运输车将农户污水统一输送至就近污水处理站。这种方式适合在农户居住附近建有污水处理站，虽然无法铺设管网，但是可联合其他农户集中处理污水。

二、农村生活垃圾处理

农村生活垃圾是指生活在乡、镇（城关镇除外）、村、屯的农村居民在日常生活中或在日常生活提供服务的活动中产生的固体废物，以及法律、行政法规规定视为生活垃圾的固体废物。我

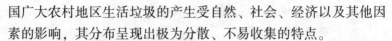

国广大农村地区生活垃圾的产生受自然、社会、经济以及其他因素的影响，其分布呈现出极为分散、不易收集的特点。

（一）农村生活垃圾的收集

我国农村生活垃圾收集方式主要分为混合收集和分类收集。但在部分经济一般或不发达的农村地区，由于乡镇政府和村民委员会无力负担高额的环卫设施建设和清运处理费用，仍处于粗放的无序管理状态。

1. 收集方式

农村生活垃圾收集方式可分为定时收集和不定时收集，我国目前采用的是不定时收集。

2. 收集设施

收集设施主要有：垃圾坑/堆、垃圾收集容器（垃圾桶、垃圾箱、垃圾池、垃圾房）、垃圾收集车（手推车、人力三轮车和机动三轮车等）。

（二）农村生活垃圾的运输和转运

1. 运输和转运的主要设施

生活垃圾运输和转运的主要设施有：①垃圾运输车，包括改装汽车、垃圾收集车；②垃圾中转站，包括压缩式转运和非压缩式转运。

非压缩式转运避免垃圾收集及转运站产生大量的渗滤液，但不能实现垃圾转运前的减容，不便于运输；而压缩式转运减少了垃圾中的水分，实现了垃圾的减容，便于运输，但压缩过程产生的渗滤液需进行达标排放处理。

2. 生活垃圾运输和转运存在的问题

第一，生活垃圾随意投放；第二，收运设备匮乏，建设标准低；第三，收集和转运设施规划不合理；第四，收运设备设计不合理；第五，收运模式尚需探索；第六，缺乏长效运行机制。

3. 生活垃圾运输和转运的影响因素

生活垃圾收运方式的主要影响因素包括：垃圾收集密度、收运经济性、环境影响、处置设施选址和农村居民意愿。

（三）农村生活垃圾处理技术

1. 卫生填埋技术

卫生填埋技术是指利用工程手段，采取有效技术措施，防止渗滤液及有害气体对水体和大气的污染，并将垃圾压实减容至最小，且在每天操作结束或每隔一定时间用覆盖材料覆盖，使整个过程对公共卫生安全及环境均无危害的一种填埋处理方法。

2. 垃圾焚烧技术

垃圾焚烧技术是目前生活垃圾处理的有效途径之一，是指将垃圾作为固体燃料送入垃圾焚烧炉中，生活垃圾中可燃成分在 $800 \sim 1\,200℃$ 的高温下氧化、热解而被破坏，转化为高温的燃烧气和少量性质稳定的固体废渣的一种技术。

3. 垃圾堆肥处理技术

垃圾堆肥处理技术是指在控制条件下，通过细菌、真菌、蠕虫和其他生物体使有机垃圾从固态有机物向腐殖质转化，最后达到腐熟稳定、成为有机肥料的过程，这个过程一般伴随有微生物生长、繁殖、消亡和种群演替等现象。

采用堆肥技术处理生活垃圾时，是利用氧气的一种分解过程。该过程一般是在有氧和有水的情况下，对生活垃圾进行分解，它的分解过程可以简单表示为：有机物质+好氧菌+氧气+水→二氧化碳+水（蒸气状态）+硝酸盐+硫酸盐+氧化物。从这个过程可以看出，垃圾堆肥是需要消耗氧气的。

4. 厌氧消化处理技术

厌氧消化处理技术是指以农村有机生活垃圾作为主要原料，使其在严格的厌氧条件下经过水解、酸化、产氢产乙酸、产甲烷

4 个阶段，以沼气作为最终产物的一种技术。

5. 其他垃圾处理新技术

（1）蚯蚓堆肥技术。蚯蚓堆肥技术是指在微生物的协同作用下，利用蚯蚓本身活跃的代谢系统将垃圾废料分解转化形成可以利用的土地肥料。使用的蚯蚓主要有正蚓科和巨蚓科的几个属种。该技术成本低、成效高，可再利用废物，有助于丰富资源。

（2）垃圾衍生燃料技术。垃圾衍生燃料技术是指对垃圾进行破碎筛选得到以可燃物为主体的废物，或者将这些可燃物进一步粉碎、干燥制成固体燃料。该技术有许多优点，比如由于粉碎混合均匀，燃料燃烧完全、热值大、燃烧均匀、燃烧产生的有害气体和固体烟雾少。在我国农村地区，农村生活垃圾可以进行能源生产、发电供暖等。但采用这种技术时，燃烧会产生温室气体和 CO，需要进行改进研究。

（3）气化熔融处理技术。气化熔融处理技术是将生活垃圾在 600℃的高温下热解气化和灰渣在 1 300℃以上熔融这 2 个过程有机结合。农村生活垃圾热解后可产生可燃的气体能源，垃圾中未氧化的金属可以回收。热分解气体燃烧时空气系数较低，能大大降低排烟量，提高能源利用率，减少氮氧化物的排放。这种技术可最大限度地进行垃圾减量、减容，具有处理彻底的优点。但是，该技术能源消耗量大，需要组织集中处理，因此在农村推广使用不太现实，需要政府提供资金支持。

（4）高温高压湿解技术。农村生活垃圾湿解是在湿解反应器内，对农村生活垃圾中的可降解有机质用高温高压蒸汽处理 2 小时后，用喷射阀在 20 秒内排除物料，同时破碎粗大物料并闪蒸蒸汽，再用脱水机进行液固分离。湿解液富含黄腐酸，可用于制造液体肥料或颗粒肥料。脱水后的湿物料可用干燥机进行烘干到水分小于 20%，过筛，粗物料再进行粉碎。高温高压湿解的固形物质可作为制造有机肥的基料，湿解基料富含黄腐酸。高温高压水解法处理农村生活垃圾由垃圾分选系统、垃圾水解系统、垃圾焚烧系统、制肥自动控制系统组成，具有垃圾分选效果好、运行成本低、有机物利用率高、无须添加酸性催化剂、避免对环境产生二次污染等优点。

（5）太阳能-生物集成技术。太阳能-生物集成技术是利用生活垃圾中的食物性垃圾自身携带菌种或外加菌种进行消化反应，应用太阳能作为消化反应过程中所需的能量来源，对食物性垃圾进行卫生、无害化生物处理。在处理过程中利用垃圾本身所产生的液体调节处理体的含水率，不但能够强化厌氧生物量，而且能够为处理体提供充足的营养，从而加速处理体的稳定，在处理过程中产生的臭气可经脱臭后排放。当阴雨天或外界气温较低时，它能依靠消化反应过程中产生的能量来维持生物反应的正常进行。

三、推进农村"厕所革命"

改善农村人居环境，是实现乡村生态振兴的重要内容，事关广大农民根本福祉，事关农民群众健康，事关美丽宜居乡村建设。"厕所革命"一直都是农村人居环境整治的短板与弱项。推进"厕所革命"要坚持数量服从质量、进度服从实效，实现"厕所革命"质量再提升。

（一）农村卫生厕所的类型

卫生厕所类型很多，其中实现粪污无害化处理的卫生厕所，重点推荐以下几种类型：三格化粪池式、双瓮（双格）式、三联通沼气池式、粪尿分集式、双坑（双池）交替式。另外，生物填料旱厕、净化槽等新型无害化卫生厕所不断涌现，性价比逐年提高，适合在经济条件较好的农村地区推荐使用。

1. 三格化粪池式厕所

三格化粪池式厕所由厕屋、蹲（坐）便器、冲水设备、三格化粪池等部分组成，其中核心部分是用于存储、处理粪污的三格化粪池。三格化粪池是一种粪污初级处理设备，由3个串联的池体组成，一池与二池、二池与三池之间设有过粪管。三格式厕所一定要使用节水型便器。

三格化粪池式厕所适合我国多数地区使用。在水资源丰富或者农村自来水普及率高的地区最为适用，西部干旱缺水地区不建议普及使用。寒冷地区建设三格化粪池式厕所要注意防冻。最好把厕屋建在室内，化粪池尽量使用整体式、现场免装配的成型产品或直接用混凝土浇筑，要深埋至冻土层以下，并适当增加容积，上下水管道要有防冻措施。宜选用直排式便器，便器排便孔后不应安装存水弯。同时，农村建设三格化粪池式厕所一定要配节水型冲水器具，后期进行清掏管护等工作。

2. 双瓮（双格）式厕所

双瓮（双格）式厕所是一种结构简单、安装方便、造价较低的卫生厕所，其核心部分是两个瓮形化粪池。可建于厕屋内便器下方，粪便可直接落入前瓮，但便器排便孔处要安装防臭阀；也可和后瓮一起建在厕屋外，通过过粪管与便器相连。

双瓮（双格）式厕所的原理与三格式基本相同。前瓮的作用是使粪便充分厌氧发酵、沉淀分层，寄生虫卵沉淀及粪渣粪皮被过粪管阻拦，只有中层粪液可以通过过粪管进入后预制。为了运输、施工方便，目前多数塑料双瓮化粪池的两个瓮均做成相同的尺寸。单个瓮的容积一般不应小于0.5米^3。

双瓮（双格）式厕所主要适合土层较厚、使用粪肥的地区。因造价较低，只需少量水便可冲厕，在中原、西北地区较常见。由于其所需的冲水量少，在缺水地区可配合高压冲水器使用。

瓮体的高度要求大于 1.5 米，埋层较深，具有一定的防冻作用，在寒冷地区增加埋深，或瓮体加脖增高，并采取保暖措施也可正常使用。

3. 三联通沼气池式厕所

三联通沼气池式厕所是将厕所、畜圈与沼气池（发酵池）联通起来，人粪尿、畜禽粪尿等排入沼气池共同发酵产生沼气的厕所。

三联通沼气池式厕所具有如下优点：①粪便无害化效果好，肥效好；②沼液调配后可喷施蔬菜、瓜果，有杀虫和提高产品质量的功效；③沼气可以做饭和照明，节省燃料；④经济效益比较明显。

三联通沼气池式厕所具有如下缺点：①建造技术复杂，一次性投入较大；②需要饲养家禽或牲畜，仅使用人粪便发酵的产气量很少；③不适合寒冷地区；④出现故障一般需要专业人员维修。

4. 粪尿分集式厕所

粪尿分集式厕所是采用专用的粪尿分集式便器，将粪便和尿液分别收集到储粪池和储尿桶的一种厕所。粪尿分集式厕所的主要结构包括厕屋、粪尿分集式便器、储粪池、储尿桶，其中粪尿分集式便器是主要部分。

粪便需要加细沙土、草木灰等覆盖材料进行掩盖、吸味，并进行脱水干燥，同时杀灭病原体，以达到无害化卫生标准；尿液存放 7~10 天，兑水后可直接用于农业施肥。

粪尿分集式厕所适用地域：①干旱、缺水地区，其中阳光充足的地区尤为适用；②寒冷地区；③居住分散、家庭人口较少的农户；④烧柴做饭、取暖的地区，草木灰可作为覆盖料。

5. 双坑（双池）交替式厕所

双坑（双池）交替式厕所由普通的坑式厕所改进而成，一个厕所由两个厕坑（储粪池）、两个便器组成。两个坑交替使用，主要适用于我国干旱缺水的黄土高原地区，在新疆、西藏及东北高寒地区也有应用。

双坑（双池）交替式厕所要并排建造两个厕坑（储粪池），每个厕坑上设置一个便器。当使用的一个厕坑满后，将其密封堆沤，同时启用第二个厕坑；当第二个厕坑满后，马上封存，这时，第一个厕坑已厌氧堆沤 6 个月以上，实现无害化处理后，可将粪肥取出使用。如此，两个厕坑便可交替循环使用。

双坑（双池）交替式厕所单个储粪池的容积一般不小于 0.6 米^3，可现场砖砌，也可采用预制混凝土、塑料或玻璃钢制作。储粪池可建在地下或半地下，也可以建在地上。使用时要撒干土覆盖，使人粪尿与土混合。

（二）农村改厕组织实施

1. 农村改厕实施方案的考虑内容

（1）地理环境、气候条件。如山区、平原的不同特点，干旱缺水，寒冷气候等。

（2）农民改厕意愿。结合经济水平、农民生产生活习惯，如习惯用水厕或旱厕，有无养殖种植和使用农家肥等情况，充分尊重农民改厕意愿。经济条件好的，可以选择质量好、价格高的厕具产品和厕所类型；经济条件差的，可以选择实用的、较廉价的厕具产品和厕所类型。

（3）结合乡村振兴、改善农村人居环境等规划，统筹考虑。

（4）按照村庄类型，突出乡村优势特色，体现农村风土人情。

（5）编制年度任务、资金安排、保障措施等。

2. 干旱地区农村改厕的注意事项

（1）可考虑用免水冲或少水冲的改厕技术类型，如粪尿分集式、双坑交替式、生物填料旱厕等，也可选择循环用水冲的或节水的便器。

（2）选择造价适中、使用方便、维护简单的厕所，要适合农民的收入水平并满足农民的卫生需求。

（3）注重厕所的安全、卫生，旱厕改造要保证粪便无暴露和无害化，不会对生态环境造成污染。

（4）注意改厕的可持续性和粪污资源化利用。旱厕技术要保证具有可持续性，厕具品质坚固耐用，尽量选用粪污可资源化的改厕类型。

3. 寒冷地区农村改厕的注意事项

（1）应充分考虑采用厕所入室的方式，解决如厕舒适和厕所防冻问题。

（2）入室条件不具备的情况下，可选择卫生旱厕类型，如粪尿分集式、双坑交替式等类型。

（3）对有用肥需求的农户，要考虑农作物的施肥周期，适当扩大化粪池容积，延长清粪周期。

（4）使用生物填料旱厕、净化槽等微生物技术厕所，要考虑保持适宜的温度，综合考虑运行管理成本。

（5）对采用三格化粪池式厕所和双瓮（双格）式厕所的，要尽量使用整体式、免组装的成型产品，并埋至冻土层以下。

4. 严把厕具产品质量关

（1）相关材料设备要具备质量鉴定报告，地下部分应明确设计使用寿命。

（2）有条件的地方要对材料设备进行现场抽样送检，由专人或专门机构进行质量把关。

（3）在评选改厕产品和厂家过程中，要广泛听取村民代表和技术人员意见。

（4）开展招标采购的项目要严格按程序执行，中标单位要全程提供设备安装指导服务。

（5）要充分了解产品市场信息，严肃查处相互串通哄抬产品价格、获取非法利益的行为。

5. 加强施工质量监管

（1）要由培训合格的施工人员严格按标准要求进行改厕，或在专业技术人员的指导下组织村民进行施工。

（2）严格落实工程质量责任制，明确施工队伍的保修责任。

（3）不得随意转包分包，不得擅自更改设计内容和工程量，不得随意压缩合理工期，强化工程施工日志管理，以备核查。

（4）强化施工全过程监管，探索建立由乡镇政府主管、第三方监理、村民代表监督的全方位监管体系。

6. 农村公共厕所建设的注意事项

（1）方便村民。应根据区域经济发展水平、特点和村民习惯，设置农村公共厕所。一般每个行政村至少设置1处农村公厕，50~100人的自然村，宜设置1个；使用人数少时，可设置单蹲位的厕所。按服务人口设置时，宜为200~500人/座，公厕服务半径不宜超过500米。

（2）合理确定厕所蹲位数及男女蹲位比例。一般公厕不需设置过多蹲位，女性与男性蹲位比不低于3∶2。

（3）合理选择公厕位置。公厕的位置应选在主要街巷、道口、广场、集贸市场和公共活动场所等人口较集中且方便到达的区域，避免建成后由于太远而无人使用的现象，具体位置应选择在地势较高、不易积水、村庄常年主导风向的下风口，还应便于维护管理、出粪和清渣。

（4）合理选用公厕类型。公厕的类型应根据当地气候特征、供水条件、村民习惯、管理能力等科学确定，高寒干旱地区、供水保证率低（如每日定时供水）的地区，宜选择使用方便、管理简单、卫生无味的无水冲厕所模式；供水条件较好、冬季受冰冻影响小以及防冻措施得当的条件下可以建设水冲式厕所，并建设一定容积的三格化粪池或污水处理设备处理污水，不得将冲厕污水直接排入河流和水沟内。冬季应采取必要的防冻措施，尽量利用自然能，避免采用空调、地暖等高能耗方式解决农村公厕防冻问题。

（5）厕所的设计应与周边环境和建筑相协调，体现乡村气息和地方特色。可采用砖砌、石砌或其他地方常用的材料和结构建设，厕屋应通风良好、有防蚊蝇措施。根据需要设置残疾人便器、儿童便器等辅助设施。

（三）推动农村"厕所革命"的对策

1. 强化宣传引导，科学对待系统治理方式

充分发挥舆论导向作用，通过群众喜闻乐见的方式进行宣传，大力传播农村改厕的重要意义、经验做法和正确使用方法，切实增强农村群众的积极性、主动性，转变群众卫生观念和生活习惯，科学使用无害化厕所。同时，加强对基层干部的无害化厕所使用培训，让村内党员干部教着做、带头做、示范做，并达到以"训"促"宣"的效果。改厕工作要先易后难、以点带面，让有条件的村和自愿改厕的群众先改，充分发挥典型示范作用，稳步推进农村改厕工作。

2. 坚持实事求是，因地制宜选择改厕模式

推动厕所革命最根本的原则，就是坚持因地制宜、实事求是。

一是要因地制宜选择改厕模式。基于对不同区域广大乡村的深入研究，依据区域气候、地理地貌、社会经济以及民族民俗等因素，全面总结实施"厕所革命"的成功经验及教训，提出不

同区域改厕的一系列模式，扩大模式选择的空间。

二是在适宜区域推广一体化处理的系统模式。做好推广工作的前提，就是对该模式进行科学评估，甄别推广应用中需要解决的关键问题，据此确定适宜的推广范围。特别是应充分考虑山区、丘陵、平原地区的不同地貌特征，城镇郊区、边远地区农村不同的社会经济条件、居住特点等，确定具体方式。一般而言，平原地区农村更适宜采取单户，集中居住的中心村等采取集中处理模式较为合适。而南方山区丘陵地带，由于地形优势，较适宜采取联户方式。

三是系统评估"厕所革命"状况。通过第三方评估，对改厕成效进行科学评判，并甄别实现"厕所革命"质量提升需要解决的关键问题。同时，对照"十四五"时期乃至2035年远景目标，科学评判当前"厕所革命"还存在多少差距、重要任务及区域分布，以采取更加精准的措施加以整治提升。

3. 创新投入机制，保障"厕所革命"所需资金

一是加大政府资金投入。各级政府应根据需求增加财政投入，确保公共财政向乡村倾斜，并建立稳定增长机制。

二是完善多元化融资。在引进社会资本时，需认真分析其正负面效应及政府债务风险。同时，探索农民付费机制以体现村民责任。

三是专项资金投入。政府应完善改厕优惠政策，提高补助标准，整合项目资金，推动农村卫生厕所普及。试行厕所改造直补制度，确保资金足额发放。鼓励多方资金参与，解决资金短缺问题。

4. 建立协作机制，促进"厕所革命"有效管护

农村改厕工作必须在各级政府统一领导下，协调各方，齐抓共管。针对目前农村改厕工作存在的后期维护困难，农村改厕工

作要按照市场化运作模式，鼓励企业或个人出资进行改厕后检查维修、定期收运、粪渣资源利用等后续工作，形成管收用并重、责权利一致的长效管理机制。

第五章　乡村治理与参与

　　乡村治理是国家治理在乡村社会的延伸和体现，是追求乡村社会发展的治理行为总和。面对新形势下的乡村基层治理体系，必须坚持自治、法治、德治有机结合，3 种治理方式属于不同范畴，互为补充、缺一不可。

第一节　参与乡村自治

　　自治为基是基层社会治理的内生力，具有基础性作用。自治有利于解决社会治理的主体和组织形式的问题，鼓励把群众能够自己办的事交给群众，把社会组织能够办的事交给社会组织，把市场能做的事交给市场，打造人人有责、人人尽责的基层社会治理共同体。

一、自治是"三治合一"乡村治理体系的基础

　　党的十九届四中全会审议通过的《中共中央关于坚持和完善中国特色社会主义制度　推进国家治理体系和治理能力现代化若干重大问题的决定》指出，要健全充满活力的基层群众自治制度。村民自治，简而言之，就是广大农民群众直接行使民主权利，依法办理自己的事情，创造自己的幸福生活，实行自我管理、自我教育、自我服务的一项基本社会政治制度。村民自治涉及很广，包括的内容很多，概括起来主要是"三个自我、四个民

主"。"三个自我"，即自我教育、自我管理和自我服务。自我教育就是通过开展各种民主自治活动使村民受到教育和提高，每一个村民既是教育者，又是被教育者。自我管理就是村民依法组织起来，管理本村事务。自我服务就是通过村民委员会组织村民解决生产、生活等问题，促进农村发展。"四个民主"即民主选举、民主决策、民主管理、民主监督。要把村民自治贯穿民主选举、民主决策、民主管理、民主监督等全过程，充分保障村民行使"当家作主"的权利，激发村民参与乡村治理的积极性和主动性，不断丰富和创新自治平台、自治方式，切实提高基层治理能力和水平。

二、当前乡村自治中存在的问题

乡村治理和乡村管理的重要区别就是乡村管理强调政府对乡村社会的单向管理，而乡村治理则更加注重发挥政府之外的组织、团体在治理中的作用。

改革开放以来，在基层治理探索上，我国建立了党领导下的村民自治制度，有效实现了村民的自我管理、自我教育和自我服务，奠定了乡村治理的组织基础。但是，随着形势的发展，村民自治面临一些突出矛盾和问题，主要表现在以下几个方面。

（一）农村基层组织体系有待健全

当前农村生产力和生产关系发生了巨大的历史性变化，新型农业经营主体大量涌现，农村人口流动更加频繁。与此相对应的是，在这一过程中，农村基层党组织中存在一些问题，有一些基层党组织没有覆盖到农村企业、合作社等组织；有一些集体经济较强的村还没有成立村级集体经济组织；也有不少村的村务监督机构有名无实；有些地方的基层组织软弱涣散，不能有效组织和带动农民，影响了农民群众的归属感和向心力。

（二）村两委关系不协调

在村级组织关系上，一些农村的党支部和村委会的关系不协调，或者党支部包揽一切，代替了村委会履职，或者是村委会以村民自治为由，拒绝党支部的领导，一些村委会不依法行使职权，擅自决定应该由村民会议或村民代表会议决定的事项。村民组织法有明确的规定，涉及农民利益的重大事项，依据法律的规定，要通过村民会议或者村民代表会议进行决定，有的村不遵照执行，变执行者为决策者，再加上村务监督机构监督不到位，一部分地区还导致集体资产的流失，存在小官巨贪等现象，而且现行的法律对村委会的职责和农村经济组织的职责，界定得不是十分清楚，在一些地方也产生了政经不分的问题，导致集体成员与外来的村民，围绕着土地、分红等一些敏感问题产生许多矛盾，这种现象在一些城中村、城郊村和沿海经济发达地区，表现得尤为突出。在村委会与乡镇的关系上，一些乡镇政府随意对村委会发号施令，将指导与被指导的关系变成领导与被领导的关系，村委会忙于为政府跑腿，无暇谋划村里的事业。也有的村委会干部以村民自治为由，不接受乡镇的指导和正常的监督，甚至不协助、不配合乡镇的工作。

（三）村民民主意识不强

村民参与政治生活的主动性不强，不能有意识地正确使用国家赋予的选举权，习惯于上级领导的安排，在参与村民自治的过程中，缺乏自主意识，被动地参与政治活动，认为政治活动与自己没有太大关系，导致民主没有完全实施。

（四）贿选现象生根发芽

个别地方的农村在选举上，存在着拉票贿选的现象，有的地方甚至受到了宗族、宗派、黑恶势力的影响，一些村委会不能有效地为村民提供服务，缺乏凝聚力和号召力；在村干部的素质方面，不少村干部年龄老化、思想僵化、能力弱化，难以带领农民发展经济，建设自己的家园，当然，也还有少数的村干部贪污受贿，严重损坏了集体和农民的权益。

以上这些问题的存在，在很大程度上影响了村民自治制度的实效，需要着力研究解决。

三、乡村自治的实现途径

基层群众的自治制度，是我国一项基本的政治制度，人民群众是基层社会治理的力量源泉，总的思路就是要尊重农民群众的主体地位，相信群众、依靠群众、为了群众，最大限度地调动农民群众参与社会治理的积极性、主动性和创造性。充分发挥村民自治组织的自我组织、自我管理、自我服务的优势，大力培育和引导农村各类社会组织的发展，建立以农民自治组织为主体，社会各个方面广泛参与的社会治理体系，真正地实现民事民议、民事民办、民事民管。

（一）加强乡村基层党组织建设

健全以党组织为核心的组织体系，突出农村基层党组织的领导核心地位。坚持乡镇党委和村党组织全面领导乡镇、村的各项组织和各项工作，大力推进村党组织书记通过法定程序担任村民委员会主任和集体经济组织、农民合作组织负责人，推行村"两委"班子成员交叉任职。提倡由非村民委员会成员的村党组织班子成员或党员担任村务监督委员会主任。村民委员会成员、村民代表中党员应当占一定比例。切实加大党组织组建力度，重点做好在农民专业合作社、农业企业、家庭农场中党组织建设工作，确保全面覆盖、有效覆盖。加强对农村各种组织的统一领导，建立以党组织为核心、村民自治和村务监督组织为基础、集体经济组织和农民合作组织为纽带、各种经济社会服务组织为补充的农村组织体系。加强农村基层党组织带头人队伍建设，实施村党组织带头人整体优化提升行动，加大从本村致富能手、外出务工经商人员、本乡本土大学毕业生、复员退伍军人中培养带头人的选拔力度，选优配强村党支部书记。加强农村党员队伍建设，加强农村党员教育、管理、监督，推进"两学一做"学习教育常态化、制度化，教育引导广大党员自觉用习近平新时代中国特色社会主义思想武装头脑。严格党的组织生活，全面落实"三会一课"、主题党日、谈心谈话、民主评议党员、党员联系农户等制度。

（二）完善自治组织体系

《中华人民共和国宪法》规定："村民委员会是基层群众性自治组织。"要支持各类社会组织参与乡村治理，起到民主管理和民主监督的作用。加强农村群众性自治组织建设，大力发展规范的社会组织、经济组织及其他民间机构等乡村公共服务组织，使之有序地参加到乡村治理之中。要充分发挥村委会及其他村级组织的职能作用，明确村级各个组织的职责任务，切实理顺工作关系，团结协调、各司其职，建立健全一整套的以农村基层党组织为核心，村民会议、村民委员会、村务监督委员会、村民小组为主体的自治组织体系，不断推进村民自治工作的制度化、规范化、法治化。

（三）丰富村民自治形式

要充分发挥村级基层组织和村民的主体作用，创新村民议事形式，完善议事决策主体和程序，落实群众知情权和决策权，发挥村民监督的作用，让农民自己说事议事主事，做到村里的事村民商量着办。要全面推行比如民情恳谈会、事务协调会、工作听证会、成效评议等好的自治制度。由基层政府搭建一些平台，引导村民主动地去关心支持本村的发展，有序地参与到本村的建设和管理中来，增强村民的主人翁意识，提高农民主动参与村庄公共事务的积极性，增强基层群众性自治组织的凝聚力和战斗力。同时广泛动员乡村贤达人士，组建"乡贤能人参事会"参与自治管理，充分发挥乡贤、能人的优势，为乡村自治管理注入新的力量。

（四）健全村民自治制度

村民自治的基本原则是自我管理、自我教育、自我服务，因此要建立健全以法律法规、政策制度、自治章程为主要内容的自治制度体系，依法保证村民自治制度依法有序推进。健全村级议事协商制度，形成民事民议、民事民办、民事民管的多层次基层协商格局。推进"四民主、三公开"的制度建设，也就是以推进民主选举、民主决策、民主管理、民主监督和党务公开、村务公开、财务公开为主要内容的制度建设内容。实施党务、村务、财务"三公开"制度，实现公开经常化、制度化和规范化，通过透明化接受村民监督，这些是鼓励村民参与自治的重要保证。

第二节　提升乡村法治

法治是乡村治理的根本，是基层社会治理的硬实力，具有保障性的作用。法治是社会治理的基本规则，更好地运用法治的思维和法治方式来谋划思路、构筑底线、定纷止争，营造办事依法、遇事找法、解决问题用法、化解矛盾靠法的良好氛围。

一、法治是"三治合一"乡村治理体系的保障

村民自治是法治基础上的自治，而德治需要与法治相辅相成，因此"三治合一"乡村治理体系建设应以法治为保障底线。这里的"法"实质上是"良法"，能够体现村民的意志，被村民

所推崇、敬畏。乡村治理体系建设方案必须要有法律依据，明确村民自治的法律边界，对村民及其自治组织的行为进行规范，防止出现职权越权或缺位现象，及时有效地保障村民自治权限。当前，乡村利益格局日益复杂化，分化的利益阶层和群体的道德标准各不相同，在进一步完善村民自治时，需要以法治方式统筹各种力量，平衡各种利益，推进乡村政务信息公开，从而维护乡村社会稳定与发展。法治是一种公开透明的规则之治和程序之治，是程序合法和结果合法的统一体。真正的法治，必须实现程序与结果合法的有机统一，因此，在推进乡村治理体系建设过程中，既要确认结果的合法，还应认真审视程序的合法，形成遇事找法、办事依法的法治型乡村秩序。

二、乡村法治建设现状不容乐观

法治既是国家治理体系和治理能力的重要依托，也是乡村治理的制度保障，法治所具有的公开性、明确性、平等性、强制性等特征，决定了它在乡村治理方面，具有其他方式不可比拟的优势。

当前，从经济社会发展规律和强化三农工作的客观要求看，我国农业农村已经进入了依法治理的新阶段，法治在发展现代农业、维护农村和谐稳定和保护农民权益方面的作用更加重要，也更加突出。但是，与健全乡村治理体系的客观要求相比，法治的作用尚未充分发挥。

（一）农村相关立法不完善

尽管农业农村工作总体上实现了有法可依，目前有40多部法律法规，还有一大批部门规章，实现了农业农村工作的有法可依。但是在个别领域，特别是一些新兴的领域，还存在着立法的空白，一些法律法规不适应形势发展，也亟待修订，2019年以来，中央出台了大量强农惠农的政策和全面深化农村改革的措施，也需要通过立法来巩固和完善。

（二）执法不严，司法不公问题依然存在

从法律的执行看，受执法力量、执法经费、执法装备，以及执法人员的政治素质、业务水平等主观和客观因素的制约，严格立法、选择性执法、普遍违法的问题仍没有得到根本解决。在一些地方，也发现违法的不一定受到惩处，守法的不一定得利的现象，这些都损害了人民群众对法制的信赖。当然，也有少数执法和司法人员徇私舞弊、贪赃枉法，不但没有解决矛盾，反而引起更多的纠纷，败坏了党和国家机关的形象。

（三）乡村干部和群众法治意识淡薄

一些基层干部受到传统观念的影响，没有认识到法治重在规范约束公权力，而是错误地理解为是用法律来治理老百姓，惩罚不听话的农民，与此相应地也出现了一些诸如不尊重农民的权利、乱作为、冷漠对待农民群众合法诉求的现象。还有一些农民群众信访不信法，信闹不信法，遇到问题不寻求合法的途径解决，不管诉求是否合理合法，都要求政府必须满足，这些要求严重影响了矛盾纠纷的依法有效化解。

面对上述问题，必须强化农村的法治建设，通过强化法治建设为乡村治理提供坚强有力的制度保障。

三、强化农村法治建设的途径

法治是治国理政的基本方式，基层是依法治国的根基，法治社会最终的落脚也在基层，所以要善于运用法治的思维和方式来谋划思路，推进乡村治理。把依法治国的各项要求落实到基层组织，让法治成为人民群众管用的法治，必须强化农村法治建设。

（一）加快完善农业农村立法

当前，要紧密结合农业农村改革发展的进程，围绕着保障国家粮食安全和农产品质量安全、健全农业支持保护体系、完善农村村民自治和基本经营制度、培育新型经营主体、推进农业农村绿色发展等方面，加快相关法律的制定和修订。同时，要加快建设公共的法律服务平台，广泛运用互联网和其他一些手段，有效开展法律咨询服务，让基层群众享受到更便捷、更优质的法律服务。

（二）全面加强涉农执法和司法

推进法治乡村建设，规范农村基层行政执法程序，把各项涉农工作纳入法治化轨道。深入推进大农业领域，包括农林水利、海洋渔业等领域的综合执法改革向基层延伸，创新监管方式，推动执法队伍整合执法力量下沉，提高执法能力和水平。健全执法监督体系，制定严格的执法程序，明确奖惩办法，将执法工作合理化、规范化，保证执法效果。同时，要全面提升行政执法人员的政治素质和业务水平，加大执法装备和执法经费的保障力度，健全部门间、区域间的执法协作机制，依法严厉惩处涉农违法犯罪行为。深化司法体制的综合配套改革，全面落实司法责任制，按照公开、公正、便民的原则审理涉农纠纷，以人民群众听得懂、能理解的方式析理明法，努力让农民群众在每一个司法案件中都能感受到公平正义。

（三）深化农村法制宣传教育

加强农村法治宣传教育，完善农村法治服务，引导干部群众遵法、守法、用法，依法表达诉求，解决纠纷，维护权益，增强基层干部法治观念和法治为民意识，做到依法行政，法无授权不可为，法定职责必须为。把政府各项涉农工作纳入法治化轨道，维护村民委员会，农村集体经济组织，农村合作经济组织的特别法人地位和权利。

同时，要落实国家机关谁执法谁普法的普法责任制，将普法融到农业农村管理、监督执法和公共服务的各个环节和全过程，坚持从人民群众关心的热点、焦点问题出发，从不同普法重点对象的个体需求出发，发挥"互联网+普法"的便捷作用，开展精准的普法，不断提高农村群众依法办事、依法解决纠纷、依法维护权益的意识。对广大人民群众用各种各样的方式开展普法宣传和教育，把普法宣传的内容融入农业农村工作的方方面面。

（四）构筑矛盾纠纷化解的底线

健全乡村矛盾纠纷调处化解机制，坚持以法律为准绳，善于运用法治思维和法治方式处理社会矛盾纠纷，维护群众的合法权益，维护社会的公平正义，让人民群众充分认识法治是化解矛盾纠纷最有力的武器，是解决复杂问题最权威的方式，是依法定纷止争的最根本底线。健全矛盾纠纷多元化解机制，深入排查化解各类矛盾纠纷，做到小事不出村、大事不出乡（镇）。健全农村公共法律服务体系，加强对农民的法律援助、司法救助和公益法律服务。

在化解矛盾纠纷中，要始终把握法治底线，在不违反法律基本规定和基本精神的前提下，还要充分考虑道德伦理、公序良俗等因素，确保矛盾纠纷化解经得起法律和历史的检验。同时，针对与农民群众利益相关的一些农村土地征用、土地确权、工程承包、婚姻家庭等一些复杂矛盾纠纷，鼓励律师进村、检察官进村、法官进村、民警进村，解决公共法律的涉农服务存在的"最后一公里"问题，直接为农民群众提供面对面的服务，通过专业说法、以案释法等途径引导村民依法表达诉求，依法维护自身合法权益。

（五）建设平安乡村

深入推进平安乡村建设，加快完善农村治安防控体系，依法严厉打击危害农村稳定、破坏农业生产和侵害农民利益的违法犯罪活动。深入开展扫黑除恶专项斗争，依法加大对农村非法宗教邪恶活动打击力度，严防境外渗透，继续整治农村乱建宗教活动场所、滥塑宗教造像。探索以网格化管理为抓手，推动基层服务和管理精细化、精准化。

第三节　塑造乡村德治

德治为先。国无德不兴，人无德不立。德治是一个前提，德治是基层社会治理的软实力，具有先导性作用。加强德治建设，有利于解决既治心又治本的问题，强化道德的教化，提升城乡居民的道德素养，厚植基层社会治理的道德底蕴，促进社会和谐稳定，在乡村社会治理中具有不可替代的先导性和基础性作用。作为乡村治理的情感支柱，德治具有约束、教化和凝聚的作用，能够增强自治的有效性，弥补法治不足和感情空白，是建立乡村自治治理体系的关键。

一、德治是"三治合一"乡村治理体系的支撑

德治，即以德治国，是人类社会用道德控制和评价社会成员行为的一种手段。德治强调发挥传统熟人社会中的道德力量，主要通过榜样示范、道德礼仪、教化活动、制定乡规民约和宗族家法、舆论褒贬等形式实现。德治作为一种治国方略，是由儒家提出的，其基本含义是行仁政，要求治国者注重道德教化。它追求的目标是建设一个具有完美道德风尚的社会。德治也是孔孟儒学大力提倡的政治主张，后来儒家对这种德治思想进行了发挥与弘扬，对传统政治影响巨大。"以德为主，以刑为辅"便是历代王朝政教奉行的一条基本原则。进入新时代，要传承弘扬农耕文明的精华，塑造乡村德治秩序，培育弘扬社会主义核心价值观，形

成新的社会道德标准，有效整合社会意识；注重树立宣传新乡贤典型，用榜样的力量带动村民奋发向上，用美德感召带动村民和睦相处；大力提倡推广移风易俗，营造风清气正的淳朴乡风。

德治作为一种以道德规范和乡规民约等手段进行的乡村治理方式，具有特殊的意义和价值。当前，我国村民自治逐步成熟，法治体系日趋完善，但仍存在一些问题难以解决，需要以德治为基础，通过良好的道德规范引领农村社会风气的转变，推动乡村和谐发展，实现高质量的乡村振兴。

二、当前乡村德治面临的挑战

德治本应是乡村治理的优势，在中国经济社会转型的今天，这一优势被明显削弱，农村"空心化""边缘化""老龄化"等问题日益凸显，伦理错位、封建迷信、攀比浪费等失德现象频出，乡村治理体系面临着挑战。

（一）乡村传统道德失范

我国历史上十分注重德治在国家治理中的作用，国外也很注重利用道德规范来塑造国民共同的价值观念，使社会治理达到事半功倍的效果。改革开放以来，伴随着经济社会建设的巨大成就，农民群众的总体道德水平有了很大提升，但是在某些领域、某些地方，也存在着因道德建设相对滞后而带来的乡村道德失范的问题。例如，家庭内部的道德失范问题，有的农民不敬不孝，自己过着富裕的生活而不赡养父母，有的为了争夺遗产，兄弟之间同室操戈；邻里之间的道德失范问题，邻里之间个别农民不是守望相助，而是因为一点土地或者债务纠纷大打出手；社会领域的道德失范问题，一些农村的社会风气不正，黄赌毒、封建迷信、大操大办、奢侈攀比之风有所抬头，一些见义勇为、助人为乐、诚实守信的人被认为是"傻子"，一些见利忘义、碰瓷敲诈、赖账不还的，反被尊为能人，个别地方甚至出现群体性的违法犯罪现象。这些问题的出现，首先是因为个体的道德观、价值观出现了扭曲，要更好地使德治在乡村治理中起作用，就要提高乡民的道德素养。

（二）乡村德治主体的空化

德治建设跟不上农村形势变化。市场经济时代，互联网、自媒体的兴起不仅使得农村生产、农民生活发生了很大变化，也影响了德治作用的有效发挥。随着城镇化进程推进，大量乡村青年劳动力涌入城市，数千年形成的乡村文化根基逐渐改变。农田和村庄流转变迁，传统村落数量急剧减少，形成了大量"空心村"，留下了大量的"留守儿童"和"留守老人"，同时还衍生出一系列的社会问题。新一代农村居民大量转入城市，农村各类人才不断外流，导致乡村德治建设的根基和载体摇摇欲坠。乡村德治载体的减少，乡村文化生态的急剧改变，使得乡村德治的推进面临困境。

（三）乡村德治约束力减弱

相比于法治，德治的本质是以道德规范、村规民约来实现对村民行为的约束，在实施手段和效力上很难与法治相比较。比如，农村一些家长教育孩子的手段过于简单粗暴，但是情节又不是很严重，难以上升到法律层面，只能借助德治来进行约束，但由于德治缺乏强制性手段，因而难以直接制止。同时，对于一些奢靡攀比现象，德治只能起到引导作用，而风气的改变又是一个漫长反复的过程，若没有强制的约束机制以及科学的激励机制，很难有效改善不良风气。因此，对于很多农村问题，德治的约束力较弱，不能有效发挥作用。

因此，必须在深化自治、强化法治的同时实化德治，将抽象的道德原则转化为农民群众可理解、可操作、可评判的行为规范，以道德充实和滋养农民群众的心灵，以道德指导和规范农民群众的行为，最大限度减少矛盾纠纷的产生，最大限度增加乡村社会的和谐因素。

三、乡村德治实现的途径

推进乡村德治建设，必须加强乡村文化建设，在用社会主义核心价值观引领德治建设、挖掘利用优秀传统文化、重视村民主体地位、重视乡规民约建设等方面下功夫，适应新时代发展的要求，实现传统道德价值的现代性转化，实现乡村治理的善治。

（一）用社会主义核心价值观引领德治建设

当前我国乡村文化生态变得更加复杂，乡村居民思想价值观受到传统文化、现代城市文明等多种价值观混合影响，使得乡村居民的文化价值选择变得多元化。文化可以是多元的，但主流文化只能有一个，以社会主义核心价值观为核心的社会主义先进文化，才是我国的主流文化。从思想起源说，社会主义核心价值观是对中国优秀传统文化的继承，与我国传统的乡土文化具有内在的契合性。因此在推进乡村德治建设中，必须适应新时代发展的新要求，广泛开展社会主义核心价值观宣传教育活动，用社会主义核心价值观引领乡村德治建设。首先，要正本清源，优化乡村文化生态，使乡村居民成为社会主义核心价值观的坚定信仰者，对村民进行思想文化教育，增强村民对乡村优秀文化的认同感、归属感和责任感，培育新时代村民"富强、民主、文明、和谐"的价值观，同时要提高村民对封建落后文化以及西方腐朽思想的辨别力。最后，要凝聚村民的共识，使得乡村居民成为社会主义核心价值观的积极传播者，将新时代乡村社会主义核心价值观内化于心、外化于行。

积极培育乡村良好社会风气，打造文明乡村。德治建设是上层建筑的一部分，在社会经济关系中产生，同时也受到经济基础的制约和影响。因此，在推进德治建设进程中，要满足广大农民在物质上逐渐富裕起来之后对更美好的精神文化生活的向往。

（二）挖掘利用农村优秀传统文化

在中国几千年的发展中，中华优秀传统文化发挥着深远影响。新时代乡村德治建设要大力传承和发扬优秀传统文化，深入挖掘中华民族传统文化的人文关怀，在对乡村优秀传统文化继承的基础上进行继承与创新，使得广大乡村居民欣然接受中华优秀传统文化，推动崇德尚法、诚实守信、乐于助人等良好乡村文化风俗的建设。从家庭角度讲，要继承和弘扬优秀的"孝文化"，尊敬长者，发扬家庭美德，并赋予时代精神，树立男女平等思想，尊重个人在家庭中的人格尊严和权利。从社会角度讲，重视人际间的团结友善，重塑传统助人为乐的思想。同时要严公德、守私德，让乡村居民成为优秀传统文化的模范践行者。要对村民进行民族精神教育、集体主义教育、社会公德教育、职业道德教育、家庭美德教育，形成相亲相爱、和睦友好的良好氛围。

以坚定的文化自信促进乡村德治建设，特别要树立好、宣传好乡村榜样来激发乡村居民规范自身道德。梁漱溟认为："世界未来的文化就是中国文化的复兴，有似希腊文化在近世的复兴那样。"因此，乡村德治建设要深入挖掘和利用我国优秀传统文化，同时，应注意解决传统道德理念与现代道德理念的矛盾与冲突，要结合时代发展的要求进行创新性发展，让广大民众沐浴在优秀的乡风文明中，形成良好的社会风俗，如在广大乡村开展道德大课堂、寻找身边"最美的人""道德模范""家乡好儿媳好婆婆"等多种形式的活动，让乡风文明美起来、浓起来、淳起来。

（三）加强家庭美德建设

推动德治在乡村治理体系中的作用，就要发挥乡村居民的主体地位。推动乡村德治建设的主体是每一个乡村居民，乡村治理中的德治也是为了更好地为广大乡村居民服务。因此在乡村德治建设过程中，要强化乡村居民对乡村文化建设重要性的认知，鼓励乡村居民积极参与其中，积极培育新时代乡村核心价值观，使乡村居民可以主动地建设本村优秀的乡村文化。广泛引导乡村居民社会主义核心价值观教育，创新优秀乡村文化，自觉推动乡村德治建设，形成讲道德、尊道德、守道德的乡村风气。

开展乡村居民道德评议活动，选出最美乡村教师、医生、家庭。运用社会舆论和道德影响的号召力形成鲜明的舆论导向。积极引导村民学习先进人物典型事迹，发挥乡村居民主体地位，传播正能量，弘扬真善美，引领乡村德治建设，用乡村道德先锋树立新时代乡村风气。

注重家风的培育和营造，促进家庭幸福美满。孝敬老人、爱护亲人是中华民族的传统美德，家庭美德是调节家庭成员内部关系的行为规范，以孝老爱亲为核心加强家庭美德建设是新时代德治建设的内在要求。在乡村"空心化"日益严重的今天，要建立关爱空巢老人、留守妇女和留守儿童服务体系，帮助他们改善生活条件。要坚持正确的致富观念，勤劳致富；坚持正确的消费观，量入而出。

(四) 重塑乡贤文化

在我国乡村社会，乡贤文化是独具魅力的，对传承创新中华优秀传统文化特别是乡村文化，进而凝聚人心、弘扬正能量，起着非常关键的作用。他们不仅为乡村居民树立了道德规范，也是维护乡村道德秩序的带头人。近年来，随着现代化和城市化的发展，乡贤文化受到了冲击。面对新的历史使命，需要塑造新乡贤，推动形成适应时代发展需要的乡贤文化，壮大乡村精英队伍，为实施好乡村振兴战略提供智慧和力量。

重塑乡贤文化，一方面是为了传承中华优秀传统文化，另一方面是为了解决乡村社会现代发展的难题。其中，后者是当今乡贤文化重塑需要承担的全新历史使命。在当今时代，新乡贤是指具有较高的文化素养、较多的社会阅历与经验，或是具备其他优秀素质的乡村精英。他们的思想价值理念以及个人修养，可以对村民起到榜样的力量。可以发挥乡贤特有的功能为乡村振兴举办公益活动，维护乡村秩序，传播优秀传统文化。因此，政府要激活乡村精英建设乡村机制，吸引本土精英和外来精英共同推进乡村德治建设。运用他们的资金、知识和技术等力量推动乡村高质量发展。加强对乡村精英的思想引导，培养乡村精英振兴乡村的责任感和使命感，发挥他们在乡风文明建设的模范表彰作用，用他们的成功经验指导实践，为乡村的振兴发展服务，带领乡村居民走向致富之路。

（五）重视村规民约的修订

面对传统的村规民约，应做到取其菁华，去其糟粕，赋予村规民约以时代精神。一方面，继承村规民约中优秀的道德价值，如爱国爱乡、勤劳勇敢、自强不息等传统美德，保护家谱族谱、民俗活动、传统仪式等文化遗产，发挥其价值引领和行为导向作用；另一方面，要积极改造村规民约中过时落后的思想，使之贴近适应时代发展的要求，填补法律法规调节不到的空白领域。通过融入现代价值，实现村规民约向现代价值转变。加强村民对村规民约的认同感，通过观念内化、教育引导养成新的行为规范，发挥其道德教化的作用。同时要健全村规民约实施的保障机制，运用奖罚方式保障实施效力，积极引导村民，避免只喊口号，流于形式，切实发挥社会治理功能。在乡村德治建设中，要鼓励广大农民发挥主体性作用，赋予德治时代性，立足当地实际，挖掘本地特色，积极探索适合新时代乡村发展的独特模式。

第六章 农民创新创业与增收致富

第一节 农民创新创业的能力与素养

一、农民创新创业的能力

（一）创新能力

创业本身就是创新实践活动。成功的创业者要使企业获得生存空间，并得到成长和发展，必须有自己突出的特点。例如，在生产技术、生产工艺、产品功能、产品质量及服务等方面与其他同类产品相比，本企业产品能满足消费者特殊功能的需求，或者高出一筹的质量，或者在外观上更符合消费者审美个性。创业者只有保持与时俱进的创新能力，才能使企业充满生机与活力，才能在激烈的市场竞争中，保持竞争优势，获得企业的可持续发展。要进行创新活动，创业者必须要对生产技术和管理进行非常深入的了解，同时对于行业发展现状和发展趋势要十分清楚，还要分析消费者需求变化趋势，在此基础上，结合本企业特点，发掘本企业优势，不断实现创新活动，赢得市场竞争的主动。

（二）规划能力

创业者要胸怀企业、放眼世界、展望未来，能够根据当前情况，合理确定发展方向和阶段目标，依据市场环境和企业自身条件，制定出可行性的企业发展目标。制定目标时要做到长、中、短各期目标衔接合理。只有创业者具有企业发展的蓝图，目标明确，才能驾驭全局，带领团队有计划、有步骤地开展工作，才能使企业从成功走向新的成功。

(三) 学习能力

创业者是企业的引路人，要带领企业不断前进和发展，就必须了解新技术、新管理知识，对行业发展现状和未来有清醒的认识，对产品和消费者需求变化要十分熟悉。所有这些都需要创业者走在员工前面，走在竞争者前面，需要创业者有较强的学习能力。创业者要充分认识学习能力的重要性，采用现代学习手段，运用科学学习方法，利用可能利用的时间和机会，为自己"充电"，只有这样，才能适应现代企业发展速度的变化需求，带领企业创造美好的未来。

(四) 预测决策应变能力

市场外部环境瞬息万变，创业者要以敏感的视觉观察周围情况的变化，采用科学的分析方法，对影响企业发展的各项因素做出及时准确预测，采用恰当的决策，找出应对外部环境变化的可行措施手段，引导企业良性发展。具体表现为管理信息能力，信息是企业发展的晴雨表。建立广泛的信息渠道和快速信息传输方式是企业生存发展的重要环节，特别是现代企业竞争日益激烈，外部环境瞬息万变，面对快速多变的市场，如果企业不能借助信息做出快速反应，将会贻误战机，将企业带入困难境地。创业者对信息的管理能力在当今社会事关企业生死存亡。管理信息能力主要指创业者对信息的敏感捕捉能力、信息识别能力、信息处理能力和信息利用能力。信息管理就是利用这些能力为企业各方面管理服务，提高企业应变能力。

二、农民创新创业的素养

(一) 勇于创新

创造力是人们利用已有的知识和经验创造出新颖独特、有价值的产品的能力，是人们自我完善、自我实现的基本素质。成功的创业者具有一些共同的特质，他们能够在不断的变化中创造机会，积极地寻找新的机遇，不放过任何想法，即使是在一些传统的创业活动中，也同样能够找到创新的方向，创造出全新的商业模式从而取得成功。

创新品质的培养是贯穿始终的。任何创新都是在原有基础上进行的改革，这说明创新品质可以通过后天培养与训练。作为创业者，创新品质与能力的基础不是随意空想，而是要培养对日常事物的观察与探索。褚时健在 75 岁时选择再次创业，还是传统的农业创业——开办自己的果园，他所种的橙子被人们誉为"褚橙"，这得益于他不断创新的精神。通过 6 年的时间，褚时健不断摸索，创立了一套自己的种植办法，对肥料、灌溉、修剪都有自己的要求，工人必须严格执行。种橙期间，遇到任何难题，他的第一反应就是看书，经常一个人翻书到凌晨三四点，终于研究出了皮薄、柔软、易剥、味甜微酸、质绵无渣的"褚橙"，得到了市场的认可。

(二) 敢于冒险

创业是一项风险性活动，它的成功与否取决于很多确定因素和不确定因素。处理确定性因素，如注册公司、制定公司章程等活动，付出和回报往往都能清晰地判断，而对不确定性因素，如创业方向的决策、人才引进的决策、拓展业务方法的决策等活动的处理，其产生的结果大部分都不能准确地预测和判断。不确定性因素意味着风险，而创业者必须具备面对和把握这种风险的能力，即冒险精神。

当然冒险不是盲目地随着个人喜好发展，更不等同于赌博，它是建立在成功概率之上的，是在敏锐的市场洞察力和详细的市场调查基础之上的理性激进的行为。在实践中，冒险表现出 2 种类型：本性型和认知型，前者出于天性，后者可以在后天实践中培养起来。因此，冒险精神可以通过训练内化习得。创业可以通过训练培养风险管理意识，即接受、认识、了解、衡量、分析以及处置风险的能力和意识。

（三）积极主动

积极主动精神即进取精神，是一种源自自身积极努力地向目标挺进的精神力量，是创业者必备的心理素质，也是事业开创及开创之后持续发展的内在关键力量。在事业面临不确定情况的时候，进取精神能够启动创业者所有的思维和资源，去主动面对困难、解决困难，保证事业的顺利发展。

任何事业的开创都是主动进取的结果，在市场经济下，市场的竞争性特征决定了市场主体必须对信息和机会有更强的把握能力。要求他们主动寻找和把握机会，主动寻求资源和市场等来实现自己的事业目标。被动适应、等待机会和不作为式的创业是不可持续的，注定会被市场淘汰。总之，市场经济需要主动进取精神，在创业过程中，不能被动等待，要主动去关注这个世界，对外部世界保持好奇，主动去探索、去交流，在主动中把握机会。

（四）乐于合作

合作精神是指两个或两个以上的个体为了实现共同目标（共同利益）而自愿结合在一起，通过相互之间的配合和协调而实现共同目标，最终个人利益也获得满足的一种社会交往导向心理状态。另外，合作精神也是共享和共赢的一种体现。在信息化时代开放的市场环境下，没有人能独自创业成功，创业者需要尽可能降低风险，通过合作实现共赢是当今市场经济发展的必然趋势。

作为创业者，在创业的初始阶段，资金、人脉、能力都不可能完全具备，在精力上也不可能事事亲力亲为，必须借助合作伙伴的力量来取得成功。在必须借助企业外部力量的事业成长关键期，创业者必须具备与外部合作的意识。在进行关键策略决策时，创业者必须借助团队，实现科学决策。创业团队在合作的过程中，面临创业观念、能力、知识，以及权利、物质上的利害关系，这些都需要相互磨合，在创业过程中不断锻炼。

第二节 创业项目的实施

一、农村创业项目的选择

如何正确地选择创业项目，是每个创业者都要思考的问题。拥有合适的创业项目是创业成功最重要的基础。每一位创业者都要对创业项目的选择抱以极其谨慎的态度，要按照自身技能、经验、资金实力等实际情况，对各类项目加以甄选。

（一）规模种植项目

随着我国现代农业的快速发展，家庭联产承包经营与农村生产力发展水平不相适应的矛盾日益突出，农户超小规模经营与现代农业集约化生产之间的不相适应越来越明显。我国农户土地规模小，农民经营分散、组织化程度低、抵御自然和市场风险的能力较弱。很难设想，在以一家一户小农经济的基础上能建立起现代化农业，并实现较高的劳动生产率和商品率。规模种植业便于集中有限的财力、人力、技术、设备，形成规模优势，提高综合竞争力。因此，打破田埂的束缚，让一家一户的小块土地通过有效流转连成一片，实施机械化耕作，进行规模化生产，既是必要的，也是可能的，这也成为农业创业的重要选择项目。

适合规模种植业创业的条件：一是有从事规模种植业的大面积土地，土地条件便于规模化生产和机械化耕作；二是有大宗农副产品销售市场；三是当地农民有某种作物的传统种植经验。

（二）规模养殖项目

国家在畜牧业发展方面重点支持建设生猪、奶牛规模养殖场（小区），开展标准化创建活动，推进畜禽养殖加工一体化。标准化规模养殖是今后一个时期的重点发展方向。也就是说，规模养殖业已经成为养殖业创业类型中的必然选择。近几年不断出现的畜禽产品质量安全问题，促使国家更加重视规模养殖业的发展。只有规模养殖，才能从饲料、生产、加工、销售等环节控制畜禽产品的质量，国家积极推进建立的各类畜禽产品质量安全追溯体系适合于规模养殖业。在这样的政策背景下，选择规模养殖业创业项目不失为一个明智的选择。规模养殖业是技术水平要求较高的行业，如果选择规模养殖业为创业项目，一定要注意认真学习养殖和防疫技术，万不可想当然、靠直觉，要多听专家的意见，或者聘请懂技术的专业人员。

适合规模养殖业创业的条件：一是当地的气候、水文等自然条件要适宜，周围不能有工业或农业污染，交通便利，地势较高；二是发展规模养殖所用土地要能够正常流转；三是畜禽产生的粪污要有科学合理的处理渠道；四是繁育孵化、喂饲、饮水、清粪、防疫、环境控制等设施设备要齐备。

（三）设施农业项目

设施农业是指在不适宜生物生长发育的环境条件下，通过建立结构设施，在充分利用自然环境条件的基础上，人为地创造生物生长发育的环境条件，实现高产、优质、高效的现代化农业生产方式。随着社会经济和科学技术的发展，传统农业产业正经历着翻天覆地的变化，由简易塑料大棚和温室发展到具有人工环境控制设施的自动化、机械化程度极高的现代化大型温室和植物工厂。当前，设施农业已经成为现代农业的主要产业形态，是现代农业的重要标志。设施农业主要包括设施栽培和设施养殖。

1. 设施栽培项目

目前主要是蔬菜、花卉、瓜果类的设施栽培，设施栽培技术不断提高，新品种、新技术及农业技术人才的投入提高了设施栽培的科技含量。现已研制开发出高保温、高透光、流滴、防雾、转光等功能性棚膜及多功能复合膜和温室专用薄膜，机械化卷帘的轻质保温逐渐取代了沉重的草帘，并且已培育出一批适于设施栽培的耐高温、弱光、抗逆性强的设施专用品种，提高了劳动生产率，使栽培作物的产量和质量得以提高。主要设施栽培装备类型及其应用简介如下。

（1）小拱棚。小拱棚主要有拱圆形、半拱圆形和双斜面形3种类型。主要应用于春提早、秋延后或越冬栽培耐寒蔬菜，如芹菜、青蒜、小白菜、油菜、香菜、菠菜、甘蓝等；春提早的果菜类蔬菜，主要有黄瓜、番茄、青椒、茄子、西葫芦等；春提早的栽培瓜果主要为西瓜、草莓、甜瓜等。

（2）中拱棚。中拱棚的面积和空间比小拱棚稍大，人可在棚内直立操作，是小棚和大棚的中间类型。常用的中拱棚主要为拱圆形结构，一般用竹木或钢筋做骨架，棚中设立柱。主要应用于春早熟或秋延后生产的绿叶菜类、果菜类蔬菜及草莓和瓜果等，也可用于菜种和花卉栽培。

（3）塑料大棚。塑料大棚是用塑料薄膜覆盖的一种大型拱棚。与温室相比，具有结构简单、建造和拆装方便、一次性投资少等优点；与中小棚比，又具有坚固耐用、使用寿命长、棚体高大、空间大、必要时可安装加温和灌水等装置、便于环境调控等优点。主要应用于果菜类蔬菜、各种花草及草莓、葡萄、樱桃等作物的育苗。春茬早熟栽培，一般果菜类蔬菜可比露地提早上市20~30天，主要作物有黄瓜、番茄、青椒、茄子、菜豆等；秋季延后栽培，一般果菜类蔬菜采收期可比露地延后上市20~30天，主要作物有黄瓜、番茄、菜豆等。也可进行各种盆花和切花栽培、草莓、葡萄、樱桃、柑楠、桃等果树栽培。

（4）现代化大型温室。现代化大型温室具备结构合理、设备完善、性能良好、控制手段先进等特点，可实现作物生产的机械化、科学化、标准化、自动化，是一种比较完善和科学的温室。这类温室可创造作物生育的最适环境条件，能使作物高产优质。主要应用于园艺作物生产，特别是价值高的作物生产，如蔬菜、切花、盆栽观赏植物、园林设计用的观赏树木和草坪植物以及育苗等。

2. 设施养殖项目

目前主要是畜禽、水产品和特种动物的设施养殖。近年来，设施养殖正逐渐兴起。设施养殖装备类型及其应用简介如下。

（1）设施养猪装备。常用的主要设备有猪栏、喂饲设备、饮水设备、粪便清理设备及环境控制设备等。这些设备的合理性、配套性对猪场的生产管理和经济效益有很大的影响。由于各地实际情况和环境气候等不同，对设备的规格、型号、选材等要求也有所不同，在使用过程中要根据实际情况进行确定。

（2）设施养牛装备。主要有各类牛舍、遮阳棚舍、环境控制、饲养过程的机械化设备等，这些技术装备可以配套使用，也可单项使用。

（3）设施养禽装备。现代养禽设备是用现代劳动手段和现代科学技术来装备的，特别是在养鸡的各个生产环节中使用，各种设施实现自动化或机械化，可不断提高禽蛋、禽肉的产品率和商品率，达到养禽稳产、高产优质、低成本，以满足社会对禽蛋、禽肉日益增长的需要。主要有以下几种装备：孵化设备、育雏设备、喂料设备、饮水设备、笼养设施、清粪设备、通风设备、湿热降温系统、热风炉供暖系统等。

（4）设施水产养殖装备。设施水产养殖主要分为两大类：一是网箱养殖，包括河道网箱养殖、水库网箱养殖、湖泊网箱养殖、池塘网箱养殖；二是工厂化养鱼，包括机械式流水养鱼、开放式自然净化循环水养鱼、组装式封闭循环水养鱼、温泉地热水流水养鱼、工厂废热水流水养鱼等。

目前，设施农业的发展以超时令、反季节生产的设施栽培生产为主，具有高附加值、高效益、高科技含量的特点，发展十分迅速。随着社会的进步和科学的发展，我国设施农业的发展将向着地域化、节能化、专业化发展，由传统的作坊式生产向高科技、自动化、机械化、规模化、产业化的工厂型农业发展，为社会提供更加丰富的无污染、安全、优质的绿色健康食品。

（四）休闲观光农业项目

休闲观光农业是一种以农业和农村为载体的新型生态旅游业，是把农业与旅游业结合在一起，利用农业景观和农村空间吸引游客前来观赏、游览、品尝、休闲、体验、购物的一种新型农业经营形态。休闲观光农业主要有观光农园、农业公园、教育农园、森林公园、民俗观光村等多种形式。

现代农业不仅具有生产性功能，还具有改善生态环境质量，为人们提供观光、休闲、度假的生活性功能。也就是说，农业生产不仅要满足"胃"，还要满足"心"，满足"肺"。随着人们收入的增加以及闲暇时间的增多，人们渴望多样化的旅游，尤其希望能在广阔的农村环境中放松自己。休闲观光农业的发展，不仅可以丰富城乡人民的精神生活，优化投资环境，而且能实现农业

生态、经济和社会效益的有机统一。

休闲观光农业创业要具备以下条件：一是当地要有值得拓展的旅游空间，休闲观光创业项目要有自己的特点，不能完全雷同；二是农业旅游项目要能够满足人们回归大自然的愿望，软硬件设施要满足游客的需要；三是周围要有休闲观光消费的群体，消费群体要有一定的消费能力；四是休闲观光项目要能够增加农业生产的附加值，要能配套开发出相应的旅游产品。

（五）农产品加工项目

农产品加工业有传统农产品加工业和现代农产品加工业2种形式。传统农产品加工业是指对农产品进行一次性的、不涉及对农产品内在成分改变的加工，也是通常所说的农产品初加工。现代农产品加工业是指用物理、化学等方法对农产品进行处理，改变其形态和性能，使之更加适合消费需要的工业生产活动。依托现代农产品加工业实现创业成功的例子不胜枚举，那么是否也可以依靠当地农产品资源进行现代农产品加工创业呢？创业之初，完全可以把规模放小一点，充分考虑市场风险，随着技术和市场的不断成熟再不断改进加工工艺并扩大规模，最终实现创业成功。

农产品加工业创业应有的条件：一是产品要有丰富的市场需求；二是加工原料要有充足的来源；三是要有能赢得良好口碑的产品。

（六）农村新型服务业项目

农村新型服务业是适应农村生产生活方式变化应运而生的产业，业态类型丰富，经营方式灵活，发展空间广阔。农村新型服务业包括生产性服务业和生活性服务业。

1. 生产性服务业

为适应农业生产规模化、标准化、机械化的趋势，支持供销、邮政、农民合作社及乡村企业等，开展农技推广、土地托管、代耕代种、烘干收储等农业生产性服务，以及市场信息、农资供应、农业废弃物资源化利用、农机作业及维修、农产品营销等服务。

引导各类服务主体把服务网点延伸到乡村，鼓励新型农业经营主体在城镇设立鲜活农产品直销网点，推广农超、农社（区）、农企等产销对接模式。鼓励大型农产品加工流通企业开展托管服务、专项服务、连锁服务、个性化服务等综合配套服务。

2. 生活性服务业

改造提升餐饮住宿、商超零售、美容美发、洗浴、照相、电器维修、再生资源回收等乡村生活服务业，积极发展养老护幼、卫生保洁、文化演出、体育健身、法律咨询、信息中介、典礼司仪等乡村服务业。

积极发展订制服务、体验服务、智慧服务、共享服务、绿色服务等新形态，探索"线上交易+线下服务"的新模式。鼓励各类服务主体建设运营覆盖娱乐、健康、教育、家政、体育等领域的在线服务平台，推动传统服务业升级改造，为乡村居民提供高效便捷服务。

（七）农村电子商务项目

1. 培育农村电子商务主体

引导电商、物流、商贸、金融、供销、邮政、快递等各类电子商务主体到乡村布局，构建农村购物网络平台。依托农家店、农村综合服务社、村邮站、快递网点、农产品购销代办站等发展农村电商末端网点。

2. 扩大农村电子商务应用

在农业生产、加工、流通等环节，加快互联网技术应用与推广。在促进工业品、农业生产资料下乡的同时，拓展农产品、特色食品、民俗制品等产品的进城空间。

3. 改善农村电子商务环境

实施"互联网+"农产品出村进城工程，完善乡村信息网络基础设施，加快发展农产品冷链物流设施。建设农村电子商务公共服务中心，加强农村电子商务人才培养，营造良好市场环境。

农村电子商务创业应有的条件：一是网络基础设施；二是物流配送；三是产品质量；四是市场需求；五是营销能力。

二、创业资金的筹措

农村创业资金的筹措可以通过多种途径来实现。

（一）自有资金

自有资金是创业过程中最基础且最重要的资金来源。这通常包括个人的储蓄、投资回报，甚至是家庭财产。使用自有资金进行创业，创业者无须向外部机构或个人申请资金，可以更快地启动项目。

（二）亲友借款

亲友借款是创业资金筹措中一种常见且相对简单的方式。它基于个人与亲友之间的信任关系，通常不需要烦琐的手续和审批流程。这种借款方式的优点在于其灵活性和快速性，亲友之间往往能够迅速达成借款协议，并使资金快速到位。然而，亲友借款也存在一些潜在的风险和挑战。如果借款未能按时偿还，可能会损害与亲友之间的关系，甚至导致家庭纷争。因此，在选择亲友借款作为创业资金筹措方式时，务必谨慎考虑，确保与亲友充分沟通，明确借款金额、还款期限和还款方式等关键条款。同时，要恪守信用，按时偿还借款，以维护良好的人际关系和信誉。

（三）银行贷款

创业者可以向商业银行或农村信用社等机构申请贷款。这些贷款通常具有较低的利率，还款期限灵活，可以根据项目的实际情况和创业者的还款能力进行定制化的还款计划。然而，申请银行贷款需要一定的抵押物或担保人，而且贷款审批过程可能较为复杂和耗时。此外，贷款会增加创业者的财务风险，需要定期偿还本金和利息。

（四）政府补贴和扶持资金

为了支持农村创业和农业发展，各级政府会提供一定的补贴和扶持资金。这些资金旨在降低创业成本和风险，鼓励更多的人投身于农村创业。创业者可以通过申请相关的政府项目或基金来获得这些资金。与银行贷款相比，政府补贴和扶持资金通常无须偿还，且申请流程相对简单。然而，这些资金的申请条件可能较为严格，竞争也较为激烈。

（五）合作伙伴投资

寻找志同道合的合作伙伴共同投资创业项目，不仅可以筹集到更多的资金，还可以带来行业资源、管理经验和市场渠道等方面的支持。这种方式的优点在于可以分担风险和成本，同时借助合作伙伴的经验和资源加速项目的推进。然而，引入合作伙伴也可能导致股权稀释和管理层决策权的分散。因此，在选择合作伙伴时需要谨慎考虑其背景、信誉和实力等因素。

三、创业团队的组建

创业团队是决定创业企业发展和影响企业绩效的核心群体，是新创企业成败的关键因素，它对吸引投资者是至关重要的。一般来说，创业团队的组建分为以下几个程序。

（一）明确创业目标

创业目标是开展创业活动的基础。在成立创业团队前，首先要明确创业的目标，这是整合创业团队的起点。创业者需要明确创业目标才能够决定创业团队的人员构成，才能够有进一步的创业计划。创业者在识别和综合评价多种创业机会的过程中，要制定出相应的创业总目标，进而决定寻找具体的人才共同创业。

（二）制订创业计划

在明确创业目标后就需要制订相应的计划，这种计划可以分为总计划和多个子计划。创业者在制订创业计划的过程中要充分考虑到已具备的创业资源、自身的优劣势和下一步需要的资源。同时，一份较为完备的创业计划也有利于加深合作伙伴对创业活动预期的了解，吸引有意向的合作伙伴加入团队中。在制订计划的过程中，需要充分考虑到创业各阶段的目标和影响因素，制订出相应的阶段性计划和阶段性任务。

（三）寻找符合条件的团队成员

在初步明确创业目标和制订创业计划后，创业者就可以根据创业的需要寻找符合条件的团队成员组成创业团队。创业者可通过自己的社会网络来寻找能够形成优势互补的较为可靠的合作伙伴。在对寻找到的合作伙伴进行筛选的过程中还需要关注对方的思想素质，创业者不仅要从教育背景、工作经历、生活阅历等方面考察合作伙伴的综合素质，更要考察合作伙伴的个人品德，关注合作伙伴的忠诚度和坦诚度。可以说，在一个创业团队中，团队成员间相互的知识结构越合理，创业成功的可能性就越大。

（四）职权划分

在创业团队中进行职权的划分主要是依据预先的创业计划，根据创业的需要，对不同的团队成员进行相应的职责分工，确定每位团队成员所要承担的职责及其所能获得的或者享有的相应的权限。明确的职责分工能够保障团队内部的良性运行，保障各项工作有条不紊地进行，团队成员依据职权划分各司其职，执行预先制订的创业计划。同时，在划分职权的过程中需要充分考虑团队成员的结构构成，职权的划分必须明确且具有一定的排他性，避免出现职权过重或职权空缺。此外，由于创业活动的复杂性和动态性，对于职权的划分同样也不能是一成不变的，需要适时根据外部环境的变化和团队成员的流动及时调整。

（五）建立团队制度体系

完整系统的团队制度体系为创业活动的顺利进行提供了必要支撑，严格把控制度体系有利于规范团队成员的个人行为，激励团队成员恪尽职守、各司其职。严格的团队制度体系为克服在团队发展过程中可能出现的利益分歧提供了重要保障。

需要明确的是，创业团队的组建并不是严格遵守以上各个程序，很多创业团队在组建过程中并没有严格的步骤划分。

第三节　农产品品牌建设与市场拓展

一、农产品品牌建设

农产品品牌是指用于区别不同农产品的商标等要素的组合，如"蒙牛""伊利"等。我国农产品买方市场逐渐形成以及农业产业化的发展使农产品的市场竞争日益激烈，竞争形式不断创新，大量外来名牌农产品对我国农产品市场造成强烈的冲击。农产品品牌已经成为农产品取得市场竞争优势的重要手段。

（一）建立农产品品质差异性

产品品质的差异性是建立品牌的基础，如果是同质的农产品，消费者就没有必要对农产品进行识别、挑选。随着科学技术的发展，只有在农产品品质上建立差异性，才能建立起真正的农产品品牌。

1. 优化农产品品种

不同的农产品品种，其品质有很大差异，主要表现在色泽、风味、香气、外观和口感上，这些直接影响消费者的需求偏好。当优质品种推出后，得到广大消费者的认知，消费者就会尝试性购买；当得到认可后，就会重复购买；多次重复购买，就会形成品牌偏好，这时品牌形象就会逐步建立起来，继而形成品牌忠诚度。

在农产品创品牌的实际活动中，农产品品种质量的差异主要根据人们的需求和农产品满足消费者的程度，即从实用性、营养性、食用性、安全性和经济性等方面来评判。如大米，消费者关心其口感、营养和食用安全性，大米品种之间的品质差异越大，就越容易促使某种大米以品牌的形式进入市场，得到消费者认可。

2. 优选生产区域

许多农产品种类及其品种都有生产的最佳区域。不同区域地理环境、土质、温湿度、日照等自然条件的差异都直接影响农产品品质的形成。许多农产品，即使是同一品种，在不同的区域其品质也相差很大。例如，红富士苹果，陕西、山西、山东以及东北地区等不同种植区域由于自然条件的差异，造成同一品种的口感又有些许差异。因此，因地制宜发展当地农产品生产，大力开发当地名、优、特产品的生产，有利于农产品品牌的创立与发展。

3. 坚持科学的生产方式

生产中采用不同的农业生产技术措施也直接影响产品质量，如农药选用的种类、施用量和方式，这直接决定农药残留量的大小；再如播种时间、收获时间、灌溉、修剪、嫁接、生物激素等的应用，也会造成农产品品质的差异。所以，在农产品生产过程中，必须坚持科学的生产管理方式，才能确保产品品质。

4. 优化营销方式

市场营销方式也是农产品品牌形成的重要方面，包括从识别目标市场的需求到让消费者感到满意的所有营销活动，如市场调研、市场细分、市场定位、市场促销、市场服务和品牌保护等。营销方式是农产品品牌发展的基础，而品牌的发展又进一步提高了农产品竞争力。

（二）注册和保护农产品品牌商标

注册商标是农产品取得法律保护地位的唯一途径。没有法律保护地位的农产品终究要被他人侵蚀、淘汰。然而一旦品牌商标被他人抢注或冒用，不但品牌价值大打折扣，更重要的是会损害品牌产品的形象，影响企业的声誉。因此，农产品生产企业在创立品牌的同时，应积极进行商标注册，使之得到法律的保护，获得使用品牌名称和品牌标记的专用权。

（三）适当且合理的宣传

1. 加大广告投入

加大广告投入，选择好的广告媒体。广告是企业用来向消费者传递产品信息的最主要的方式。广告需要支付费用，一般来说，投入的广告费用越多，广告效果越好，要使优质农产品广为人知，加大广告宣传的投入是必要的。可利用广告媒体如报纸、杂志、广播、电视和户外广告等来传播信息。在媒体选择时要注意根据媒体特点、受众特点、产品特点选择媒体工具、确定广告频率和广告的时机。

在进行广告宣传时应注意坚持以下 3 个原则。一是真实性原则。广告法对广告宣传活动提出了应当真实合法、符合社会主义精神文明建设的要求等几项基本要求，并特别指出，广告不得含有欺骗和误导消费者的内容。广告的生命在于真实，进行广告宣传必须如实地向消费者介绍产品，不可夸大其词误导消费者。二是效益性原则。设计、制作、发布广告时要做好市场调查，有些广告媒介费用很高，要根据宣传的目标、规模、任务、市场通盘考虑，从实际出发，节约成本，力争以最少的广告费用取得最大的效益。三是艺术性原则。广告内容是通过艺术形式反映和表现出来的，无论是电视广告、印刷广告、广播广告或其他广告，都分别或全面地通过美的语言、美的画面、美的环境将广告理念烘托出来。要处理好真实性和艺术性的关系，艺术形式不得违背真实性原则，要运用新的科学技术，精心设计、制作广告，要给人以美感，要使广告的受众从中得到启发，受到感染。

2. 改善公共关系，塑造品牌形象

通过有关新闻单位或社会团体，无偿地向社会公众宣传、提供信息，从而间接地促销产品。公共关系促销较易获得社会及消费者的信任和认同，有利于提高产品的美誉度、扩大知名度。公共关系着眼于农产品经营企业长期效益和间接效益，好的公共关系决策能够实现无心插柳柳成荫的效果。

3. 注重产品包装，抬升产品身价

进口的泰国名牌大米，如金象、金兔、泰香等大多包装精致。而我国许多农产品却没有包装，有些即使有包装也较粗糙，这不利于品牌的拓展。包装能够避免运输、储存过程中对产品的各种损害，保护产品质量；精美的包装还是一个优秀的"无声推销员"，能引起消费者的注意，在一定程度上激起购买欲望，同时还能够在消费者心目中树立起良好的形象，抬升产品的身价。例如，褚橙精美的包装，给消费者留下了深刻印象，为褚橙的销售起到了促进作用。

（四）依靠科技打造品牌

科技是新时期农业和农村经济发展的重要支撑，也是农产品优质、高效的根本保证。因此，创建农产品品牌，需要在产前、产中、产后各环节全方位进行科技攻关，不断提高产品的科技含量。

1. 围绕市场需求

在农作物、畜禽、水产的优良、高效新品种选育上重点突破，促进品种更新换代，以满足消费者不断求新的需求。

2. 围绕新品种选育

做好与之配套的良种良法的研究开发与推广工作，着力解决降低动植物产品药残问题，保证食品卫生安全，以消除进入国际市场的障碍。

3. 围绕产后的保鲜

在储运、加工、包装、营销等环节开展相应的技术攻关，加大对保鲜技术的研究，延长产品的保质期，根据消费者购买力和价值取向设计开发不同档次的产品，逐步形成一个品牌、多个系列，应用现代营销手段扩大品牌知名度，培育消费群体，提高市场占有率。

（五）注重品牌整合传播

创建农产品品牌，还要增加对品牌产品的宣传投入，塑造品牌形象，打响知名品牌。善于利用媒体广告以及博览会、招商会、网络营销、专题报道、展销会和公共关系等多种促销手段，进行品牌的整合宣传，提高公众对品牌形象的认知度和美誉度，做大做强农业品牌。重视现代物流新业态，广泛运用现代配送体系、电子商务等方式，开展网上展示和网上洽谈，增强信息沟通，搞好产需对接，以品牌的有效运作不断提升品牌价值，扩大知名度。

二、农产品市场拓展

（一）提高产品质量

产品质量是农产品竞争力的核心。优质的农产品不仅能够满足消费者的基本需求，还能提供额外的价值，如营养价值、口感体验等。为此，农业生产者应采用先进的农业技术和管理方法，确保农产品的安全性、新鲜度和营养价值。同时，通过建立严格的质量控制体系，对生产过程进行监督和检测，确保每一批农产品都能达到高标准。此外，获得相关的质量认证，如有机认证、绿色食品标志等，也是提高产品质量和市场认可度的有效途径。

（二）提升品牌形象

品牌形象对于农产品的销售至关重要。一个良好的品牌形象能够使消费者产生信任感，并愿意为之支付溢价。为了建立和提升品牌形象，农业生产者可以通过包装设计、广告宣传、公关活动等手段，塑造农产品的独特价值和品牌故事。同时，通过参与展会、获得奖项、媒体报道等方式，增加品牌的曝光率和社会认可度。此外，与知名人士或机构合作，如邀请专家背书、与旅游景点联名等，也是提升品牌形象的有效策略。

（三）创新营销策略

在竞争激烈的市场中，创新的营销策略可以帮助农产品脱颖而出。农业生产者可以通过市场调研，了解目标消费者的需求和偏好，从而制订个性化的营销计划。例如，通过社交媒体营销、内容营销等方式，与消费者建立情感联系，提升品牌亲和力。此外，利用大数据和人工智能技术，对市场趋势进行分析预测，实现精准营销，提高营销效率和效果。

（四）加强服务

优质的客户服务能够提升消费者的购买体验，增强消费者对农产品的满意度和忠诚度。农业生产者应建立完善的售后服务体系，提供咨询、退换货、投诉处理等服务。同时，通过定期的消费者满意度调查，收集反馈信息，不断优化服务流程和提升服务质量。此外，提供订制化服务，如礼品包装、节日订制礼盒等，可以满足消费者的个性化需求，增加产品的附加值。

第七章 农民健康素养与生活品质提升

第一节 健康饮食与体育健身

一、健康饮食

健康饮食是指通过合理选择和搭配食物，以满足人体所需的各种营养素，促进身体健康和预防疾病的饮食方式。健康饮食的目标是维持身体机能的正常运作，提高生活质量，同时降低患病风险。

（一）食物多样化

健康饮食的首要原则是食物的多样性。这意味着应在日常饮食中包含各种各样的食物，以确保身体能够获得广泛的营养素。谷物、蔬菜、水果、肉类、鱼类、奶制品和豆类等都应有所摄入。例如，可以通过每天选择不同颜色的蔬菜和水果来确保摄入各种维生素和矿物质。此外，尝试新的食物和食谱也有助于增加饮食的多样性。

（二）适量的热量摄入

为了维持健康的体重和身体机能，控制热量摄入至关重要。这不仅涉及食物的数量，还包括食物的类型和质量。建议根据个人的具体情况（如年龄、性别、体重、身体活动水平等）来调整热量摄入。例如，可以通过使用热量计算器或咨询营养师来确

定每日所需热量，并据此规划饮食。

（三）充足的水分摄入

水分对于身体的正常运作至关重要，参与新陈代谢、体温调节和废物排出等多个生理过程。为了保持水分平衡，要每天坚持喝水，尤其在炎热天气或进行高强度运动时，需要更多的水分来补充流失的水分。同时，也可以通过食用含水量高的食物，如西瓜、黄瓜等增加水分摄入。

（四）注意营养搭配

在每餐中，应注重蛋白质、脂肪、碳水化合物的均衡搭配。蛋白质是身体组织的重要成分，脂肪提供必需的脂肪酸和脂溶性维生素，而碳水化合物则是主要的能量来源。此外，蔬菜和水果是维生素、矿物质和膳食纤维的重要来源，应确保每餐都有足够的蔬菜和适量的水果。

（五）推广健康烹饪方式

烹饪方法对食物的营养价值和健康影响很大。推荐使用蒸、煮、涮等烹饪方式，这些方法可以最大限度地保留食物的营养成分，同时减少油脂的使用。避免频繁使用油炸和烧烤等高油脂烹饪方法，这些方法不仅会增加油脂摄入，还可能产生有害物质。

（六）限制不健康成分

为了预防慢性疾病，应限制高糖、高盐和高脂肪食物的摄入。这些食物往往在加工食品和快餐中含量较高，长期过量摄入可能导致肥胖、心血管疾病和糖尿病等健康问题。建议阅读食品标签，了解食物的营养成分，并选择低糖、低盐和低脂肪的食品。同时，可以通过香料和草药的使用来提升食物的风味，而不是依赖盐和糖。

二、体育健身

农民朋友们由于长期从事体力劳动，身体状况相对较好，但是随着生活节奏的加快和社会压力的增大，农民朋友们也需要通过科学的方式来进行健身，以保持身体健康和提高生活质量。以下是一些适合农民朋友们的健身方法。

（一）散步与慢跑

散步和慢跑被誉为最简单、最经济的健身方式。农民朋友们可以选择在清晨或傍晚，迎着微风，在田间地头或宁静的村道上悠闲地散步或轻快地慢跑。这样的活动不仅有助于呼吸乡村特有的新鲜空气，还能有效地锻炼身体，提升心肺功能。

（二）太极拳练习

太极拳，这一传统的中国武术，其动作流畅、缓慢而柔和，适合所有年龄段的人练习。农民朋友们通过持续练习太极拳，能够显著提高身体的柔韧性和平衡感。更重要的是，太极拳还有助于调节呼吸节奏，使人心境平和，从而在忙碌的农耕生活中找到内心的宁静。

（三）健身操与广场舞

近年来，健身操和广场舞在农村地区受到了广泛的欢迎。这两种活动形式活泼、有趣，不仅能全面锻炼身体，还是促进邻里间交流与友谊的绝佳方式。每当音乐响起，村民们欢聚一堂，共同舞动，既锻炼了身体，又增进了彼此之间的感情。

（四）农活与健身相结合

农民朋友们完全可以将日常的农活与健身活动巧妙地结合起来。例如，在耕作、收割或挑担时，注重采用正确的姿势和方法，这样不仅能提高工作效率，还能在无形中增加力量训练，从而达到健身的效果。

（五）游泳锻炼

如果农村地区附近有河流、湖泊或水库等自然条件，那么游泳无疑是一种极佳的锻炼方式。游泳能够全面锻炼身体的每一块肌肉，显著增强心肺功能。但出于安全考虑，建议农民朋友们在有救生设施和救生人员在场的情况下进行游泳锻炼。

（六）骑自行车

骑自行车不仅是一种环保的出行方式，还是一种非常有效的有氧运动。农民朋友们可以选择骑自行车进行短途出行或探访亲友，这样既能锻炼身体，特别是心肺功能和下肢力量，又能享受到乡村风光带来的愉悦感受。

（七）球类运动竞技

篮球、足球、乒乓球等球类运动不仅极富竞技性，能全面锻炼身体，还是培养团队合作精神和增进友谊的绝佳途径。在农村地区，可以定期组织一些简单而有趣的球类比赛，让村民们在欢声笑语中享受运动的乐趣。

第二节　心理健康与情绪管理

一、心理健康

心理健康指的是一个人心理状况的健全程度。心理健康状况不佳经常导致人们产生沮丧、忧郁等心理疾病，长期处于心理不佳的状态下，容易引发身心疾病，影响健康和生活质量。农民心理健康问题是指农民在心理、情感和行为等方面出现的不良状况，表现为焦虑、抑郁、自卑、孤独等负面情绪和心理障碍。下面列举一些可以缓解心理压力的方法。

（一）参与体育活动

农民朋友们可以通过参与各种体育活动来缓解心理压力。例如，可以在田间劳作之余，组织一场篮球比赛或者乒乓球对决，这样的集体体育活动不仅能够锻炼身体，提高身体素质，还能够在运动中释放压力。此外，定期进行散步或慢跑等有氧运动，有助于改善心情，减轻焦虑和抑郁的症状。

（二）进行农活与园艺

农业劳动也是缓解心理压力的有效途径。通过亲手耕种和收获，可以从中获得成就感和满足感。此外，园艺活动，如种植蔬菜、水果和花卉，不仅能够美化家园环境，还能够提供一个放松心情、接触自然的机会。在干农活的过程中，可以暂时忘却生活中的烦恼，享受与自然和谐共处的时光。

（三）参与文化娱乐活动

文化娱乐活动是缓解压力、提升生活质量的重要途径。农民朋友们可以参与村里组织的各类文化活动，如唱戏、跳舞、看电影或参加文艺演出等。这些活动不仅能够提供精神上的享受，还能够促进文化交流，增强社区的凝聚力和身份认同感。

（四）社交互动

农民朋友们可以通过与家人、朋友和邻居进行各种社交活动来增进彼此间的感情和理解。例如，可以组织家庭聚餐、邻里聚会或者参加村里的节日庆典等活动。这些社交活动不仅能够提供情感支持，还能够增加生活的趣味性，帮助农民朋友们减少孤独感和压力。

（五）自我反思与放松

在紧张的农活之余，农民朋友们也需要学会自我反思和放松。可以通过写日记、深呼吸等方式来平静心灵，反思自己的生活和情绪状态。这种自我反思的过程有助于提高自我意识，更好地理解自己的需求和情感，从而更好地管理压力。

（六）寻求支持

面对生活中的压力和挑战，农民朋友们不应该独自承受。当感到压力过大时，可以向亲友或专业人士寻求帮助和支持。通过分享自己的感受和困扰，农民可以获得情感上的慰藉和实际的建议，这对于缓解心理压力和提升心理健康水平非常重要。

二、情绪管理

（一）情绪管理的概念

情绪是人对客观事物是否符合自身需要而产生的态度、体验和伴随的身心反应，是个体对事物的好恶倾向。情绪管理是指通过了解认识个体自身情绪，以及他人或群体的情绪，然后进行协调、引导、控制，从而确保个体自身、他人或群体可以保持良好情绪状态的自我管理行为。

人不会没有情绪，但可以进行有效疏导、有效管理，从而增加快乐，减少烦恼。对事物合理认知，表现出理智言行，被认为情绪管理应该达到的基本效果。情绪通常不以好坏进行界定，而以积极情绪与消极情绪来进行划分。而情绪引发的行为则有好坏之分，行为的结果也有好坏之分，因此情绪管理的主要作用是疏导情绪，并适当控制情绪，尽可能让言行显得合理、理智，避免出现负面效应。

（二）情绪的管理方法

1. 注意力转移法

把注意力从引起不良情绪反应的刺激情境中转移到其他事物或活动中。

娱乐活动：听音乐、看电影、下棋等。

体育活动：打球、跑步、骑行等。

放松训练：呼吸、冥想、肢体伸展等。

2. 适度宣泄

过分压抑只会使情绪困扰加重，而适度宣泄则可以把不良情绪释放出来。宣泄方式有大哭、放声大叫、唱歌、向他人倾诉等。

3. 自我安慰

面对无法改变的现实时，要学会安慰自己，追求精神胜利。这种方法可以摆脱烦恼，避免抑郁，达到自我激励、自我保护的目的，从而带来情绪上的安宁和稳定，防止精神崩溃。

4. 自我暗示

自我暗示分为消极暗示与积极暗示，可以在不知不觉中对自己的意志、心理乃至生理状态产生影响。

5. 延迟处理

不能控制情绪的人，给人的印象常常是不成熟、没长大。不管处于什么样的负面情绪中，都先暂停、中断目前的情绪，延迟做决定，让自己先冷静一下。

6. 改变认知

情绪的发生是无法避免的，当出现负面情绪时，可以进行反向思考，从而达到调整心态的效果。心态正确，心情自然好，情绪也相对稳定。情绪不同，有时不是由事物本身引起的，而是取决于看待事物的不同思维方式。在不利的环境中，不妨换一种思维方式去思考，找出有利的一面，激励自我，及时调整心态。

第三节　疾病预防与保健

一、疾病预防

（一）人体常见疾病

1. 感冒

感冒是由病毒引起的上呼吸道感染，症状包括喉咙痛、鼻塞、流鼻涕和发热等。

2. 咳嗽

咳嗽是人体的一种自然反应，用于清除呼吸道中的异物或痰液。

3. 肺炎

肺炎是指肺部的感染，症状包括咳嗽、胸痛、发热和呼吸困难等。

4. 中耳炎

中耳炎是中耳的感染，症状包括耳痛、听力下降和耳鸣等。

5. 鼻窦炎

鼻窦炎是鼻窦的感染，症状包括鼻塞、流涕、头痛和嗅觉障碍等。

6. 哮喘

哮喘是一种慢性炎症性疾病，症状包括喘息、胸闷和咳嗽等。

7. 胃炎

胃炎是胃部的炎症性疾病，症状包括胃痛、恶心、呕吐和食欲缺乏等。

8. 肠炎

肠炎是肠道的炎症性疾病，症状包括腹泻、腹痛、恶心和呕吐等。

9. 胰腺炎

胰腺炎是胰腺的炎症性疾病，症状包括腹痛、恶心、呕吐和发热等。

10. 结石

结石是指在体内形成的硬块或结晶物，可以发生在不同的部位，如肾结石、胆结石和尿路结石等。

11. 肾病

肾病是指肾脏的疾病，症状包括尿异常、水肿、高血压和疲劳等。

12. 高血压

高血压是指血液在血管中的压力过高，症状包括头痛、耳鸣、胸闷和心悸等。

13. 糖尿病

糖尿病是一种慢性代谢性疾病，症状包括多饮、多尿、多食和消瘦等。

14. 心肌梗死

心肌梗死是心脏的急性事件，症状包括胸痛、胸闷、心悸和呼吸困难等。

15. 脑梗

脑梗是脑血管的急性事件，症状包括偏瘫、失语、眩晕和意识障碍等。脑梗通常是由脑血管阻塞或其他因素引起的。

（二）疾病的预防措施

1. 保持良好的个人卫生

个人卫生是预防疾病的第一道防线。农民朋友们应时刻牢记勤洗手的重要性，特别是在接触土壤、动物或农产品后，务必使用肥皂和清水彻底清洁双手。此外，还要勤洗澡、更换干净的衣物和鞋袜，以减少细菌、病毒等病原体的滋生和传播机会。养成良好的个人卫生习惯，可以有效降低感染疾病的风险。

2. 保障安全饮水和食品卫生

在农村地区，确保饮用水的安全至关重要。农民朋友们应选择可靠的水源，并避免直接饮用未经处理的水。同时，食品卫生也不容忽视。食物应新鲜、煮熟并妥善保存，避免食用过期或变质的食品。在烹饪过程中，要注意生熟分开，防止交叉污染。通过这些措施，可以有效预防食物中毒和消化系统疾病的发生。

3. 定期体检

定期体检是预防疾病的重要手段之一。通过检测血压、血

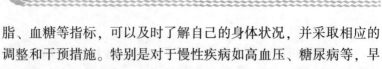

脂、血糖等指标，可以及时了解自己的身体状况，并采取相应的调整和干预措施。特别是对于慢性疾病如高血压、糖尿病等，早发现早治疗至关重要。定期体检不仅有助于保持身体健康，还能提高生活质量。

4. 及时接种疫苗

疫苗接种是预防传染病的有效方法。农民朋友们应根据当地卫生部门的建议，及时接种相关疫苗。例如，流感疫苗可以预防季节性流感，肺炎疫苗可以降低肺炎的发病率。通过接种疫苗，可以增强对特定疾病的抵抗力，减少感染和传播的风险。

二、日常保健

（一）均衡饮食

增加蔬菜、水果、全谷物、低脂肪乳制品、瘦肉、鱼类、豆类和坚果等健康食物的摄入。这些食物富含营养素，如维生素、矿物质、纤维素和蛋白质等，有助于维持身体的正常功能和健康。

减少高热量、高脂肪和高糖分食物的摄入。这些食物会增加身体的负担，导致肥胖、高血压、高血糖等问题，从而增加患疾病的风险。

适量摄入脂肪和糖类。脂肪和糖类是身体所需的能量来源，但是过量摄入会导致肥胖和其他健康问题。建议选择健康的脂肪来源，如橄榄油、坚果等，并限制糖类的摄入。

（二）积极运动

每周进行至少150分钟的中等强度有氧运动或75分钟的高强度有氧运动。这些运动可以增强身体的代谢和健康水平，预防多种疾病的发生。

增加力量训练。力量训练可以增强肌肉力量和骨骼密度，预防骨质疏松等疾病。

坚持运动。长期坚持运动可以帮助人们保持身体健康，预防多种疾病的发生。

（三）控制饮酒和戒烟

限制饮酒量。饮酒过量会增加身体的负担，导致多种健康问题，如肝脏疾病、癌症等。

尽可能戒烟。吸烟会导致多种健康问题，如心血管疾病、呼吸系统疾病等。建议寻求专业的戒烟帮助和支持，如药物治疗、心理咨询等，以帮助成功戒烟。

第八章 农民文化素养与终身学习

第一节 农村教育资源整合

一、农村教育资源整合的概念

农村教育资源整合是指通过有效地组织和调配各种教育资源，包括教育设施、师资力量、教学材料等，以促进农村地区教育的发展和提升。这个整合过程是为了使教育资源能够高效利用，缩小城乡之间的教育差距，为农村学生提供更优质的教育机会。

二、农村教育资源整合的途径

农村教育资源整合是一项系统工程，涉及教育规划、资金投入、技术应用、人力资源等多个方面。通过有效的资源整合，可以显著提升农村地区的教育质量和效率，为农村学生提供更加公平和优质的教育机会。

（一）优化学校布局与结构

为了提高教育资源的使用效率，需要对农村地区的学校布局进行科学规划和调整，包括合并规模小、条件差的学校，以及优化教育资源分配，确保每个学生都能在适宜的学习环境中接受教育。同时，应当加强基础设施建设，提供必要的教学设备和资源，以满足学生的学习需求。

（二）增加教育经费投入

政府应当加大对农村教育的财政支持力度，确保农村学校有足够的经费用于教学、科研和基础设施建设。此外，鼓励社会各界参与到农村教育事业中来，通过捐赠、资助等方式为农村学校提供资金支持。这些资金可以用于改善教学条件、提升教师待遇、丰富课外活动等，从而提高农村学校的教育质量。

（三）提升教育信息化水平

随着信息技术的发展，教育信息化成为提高教育质量和效率的重要手段。在农村地区，应当加大对计算机、互联网接入、多媒体教学设备等数字化教育资源的投入。通过网络教育资源，农村学生可以接触到更广泛的知识和信息，享受到与城市学生同等的教育资源。此外，教育信息化还有助于教师之间的交流与合作，提升教学水平。

（四）整合教师队伍

优秀的教师队伍是提高教育质量的关键。在农村地区，应当通过提供专业培训、职业发展机会和适当的激励措施，吸引和留住优秀教师。同时，应当加强教师之间的交流与合作，通过城乡教师交流、教师培训等方式，提升农村教师的教学能力和专业素养。

（五）推进"农科教结合"

将农业、科技与教育相结合，可以有效地提升农村教育的实用性和针对性。通过与农业技术推广部门的合作，农村学校可以为学生提供与农业生产实践相结合的课程和培训，使学生能够学到实用的农业知识和技能。此外，还可以通过农业科技项目，激发学生的学习兴趣和创新精神。

（六）加强城市对农村教育的支持

城市学校和教育机构可以通过多种方式支持农村教育的发

展。例如，城市学校可以与农村学校建立合作关系，共享教育资源和教学经验。城市教师可以定期到农村学校进行教学指导和培训，帮助提升农村教师的教学水平。同时，城市学生也可以通过志愿服务等方式参与到农村教育中，促进城乡教育资源的均衡分配。

第二节　科学文化素养提升

一、科学文化素养的内涵

农民科学文化素养是指农民所具备的科学文化知识，对科学技术的认识、接受和运用能力等方面的素质。科学文化素养通常反映农民接受文化科技知识教育的程度，掌握文化科技知识量的多少、质的高低以及运用于农业生产实践的熟练程度。在现代社会，科学文化素养在农民整体素质中起着主导性作用。

科学文化素养的高低直接影响着科技成果在农业生产中的转化和应用，从而决定了农业现代化的进程。只有提高农民的科学文化素养，才能真正解决"三农"问题，才有可能实现我国农业和农村的现代化。科学文化素养的提高还是农民物质上脱贫致富的重要途径，也是农民精神生活脱贫致富的根本保障。农民科学文化素养的高低，很大程度上反映着农业生产水平的高低，直接影响着农民走向富裕的进程与途径。

二、科学文化素养要求

（一）科学素养要求

对于高素质农民来说，对其科学素养的要求是：了解科学技术知识，懂得科学方法；基本了解自然界和社会之间的关系；能够认识到科学技术、科学方法的作用，能够运用科学方式和思维方式方法处理日常生活中的困难和问题；掌握相应的基础农业科学，通过在生产活动中对科技成果的应用，如无人机植保技术，最终将科技成果转化为劳动力。

（二）文化素养要求

一个人的文化素养高低一般由其文化基础的高低决定。文化基础一般由其受教育程度来衡量。相对来说，一个人的学历越高，其文化基础相应也越好。对于高素质农民来说，"有文化"是最基本的素养要求，文化基础决定其接受和消化科学信息的能力，决定其不断发展和提升的能力。因此，对高素质农民来说，设立最基本的文化基础要求是必需的。在高素质农民培育课题的相关研究和实践中，人们普遍认为高素质农民必须接受良好的中等或高等教育。对于大多数未来劳动力来说，接受良好的中等或高等教育（至少是中等教育），具备与所从事职业相适应的文化知识水平，除相对偏远和贫困地区外，这对于我国目前的农村教育条件来说，总体上都可以满足。

三、科学文化素养的提升策略

（一）牢固树立科技致富观念

从事生产，增加收入，必须抓住机遇，迎接挑战，扬长避短，趋利避害，研究和实践新的农业发展理念。纵观每一位率先走上富裕道路的农民创业史，不难看出他们除了具有普通农民所具有的吃苦耐劳、艰苦创业的精神外，他们的思想观念与时代也是相适应的，既对形势与政策有一定的了解，又能把握好机遇，敢于大胆尝试，更重要的是他们都掌握一定的科学技术，以科技知识武装头脑，以科技农产品占领市场，以科技手段创造高效益。

(二) 积极参加农民职业技能培训

通过加强农村的教育和科技推广服务工作，努力提高广大农民的科学文化素养，努力提高广大农村经济社会发展的科技含量。因此，必须采取多种形式，通过多种途径、多种渠道加强农民特别是青年农民的职业技能培训，使每个农民掌握 1~2 项农业实用技术；必须改革农村科技、教育体制，实行农科教相结合；必须激励农民学习技术，有条件的地方可给获得技术员职称的农民以补贴；推行"绿色证书"制度，对获得"绿色证书"的农民争取农业生产贷款可考虑免除担保手续，从而造就一种学科技光荣、用科技获得实惠的社会风尚。

(三) 主动学习科学文化知识

"科技兴农"就是"知识兴农"。高素质农民要多渠道地接受政府对于农业科学的思想教育、宣传，充分利用广播、电视、报纸、书刊、会议、培训等多种形式学习先进科学文化知识，同时将转变思想观念放在首位，适时抛弃传统的小农意识，走出安于现状、不思进取的误区。通过政府对农村农业发展的多渠道信息网络，积极学习市场供求趋势，农产品价格变动，农业新技术、新品种等方面的信息。只有不断接受教育，树立科学意识，爱科学、学科学、用科学，才能跟上社会发展的步伐。

第三节　农民终身学习的意义与途径

一、终身学习的概念

终身学习是随着终身教育的发展而被提出来的。终身学习是从学习者的视角强调人的一生都要持续学习，以人的持续发展适应复杂社会生活。当前世界已经进入一个终身学习的时代。终身学习是实现人和社会可持续发展的基本路径。

二、农民终身学习的意义

农民终身学习的意义深远而重大，它不仅关乎农民个人的成长与发展，也影响着农村社会的进步和繁荣。

（一）终身学习有助于农民保持和提升农业生产技能

农业技术日新月异，新的种植方法、新的农机具和新的农业理念不断涌现。农民通过终身学习，可以及时掌握这些新技术和新理念，提高农业生产效率，增加农产品产量和质量，从而提升农业收入。

（二）终身学习能够增强农民的市场竞争力

在全球化和市场化的背景下，农产品市场竞争日益激烈。农民需要具备市场营销、品牌建设等方面的知识，才能更好地将农产品销售出去。通过终身学习，农民可以不断提升自己的市场意识和营销能力，增强农产品的市场竞争力。

（三）终身学习有助于农民实现个人全面发展

学习不仅是获取知识和技能的过程，更是提升个人素质、塑造品格的过程。农民通过终身学习，可以培养自己的创新思维、批判性思维和解决问题的能力，提升个人的综合素质。同时，学习也可以丰富农民的精神生活，提高生活品质。

（四）农民终身学习对于农村社会的进步具有重要意义

一个拥有知识和智慧的农村社会，能够更好地应对各种挑战，把握发展机遇，推动农村社会不断进步。农民的终身学习能够培养更多的创新人才，推动农业科技的发展，为农村社会的繁荣贡献力量。

三、农民终身学习的途径

农民终身学习的途径是多样化的，旨在满足不同农民的学习需求，提升综合素质和生产技能，从而为乡村振兴战略提供人才支持和智力保障。

（一）政府组织的培训项目

政府组织的培训项目通常由农业农村部门负责实施，这些项目不仅包括农业技术和管理知识的培训，还涉及法律法规、市场营销、环境保护等多方面内容。这些培训项目旨在帮助农民适应现代农业的发展，提高经营管理能力和市场竞争力。此外，政府还会根据乡村发展的实际需求，定期举办专题培训班，如乡村旅游、农产品加工、电子商务等，以培养具有专业技能的新型农民。

（二）职业教育和继续教育

职业教育和继续教育为农民提供了提升学历和专业技能的机会。涉农高校和职业技术学院根据农业产业发展的需要，开设相关专业和课程，通过定向培养、函授教育、网络教育等多种形式，使农民能够在不脱离生产的同时，接受系统的高等教育和职业培训。这种教育模式有助于农民更新知识结构，提高创新能力和创业能力，促进农业产业结构的优化升级。

（三）利用远程教育平台

随着信息技术的发展，远程教育平台成为农民学习的新途径。通过中国农村远程教育网、全国农业科教云平台、云上智农APP、农广在线 APP 等平台，农民可以随时随地接触到丰富的学习资源，包括农业新技术、市场信息、政策法规等。这些平台通常提供视频课程、在线讲座、互动问答等服务，使农民能够根据自己的需求和节奏进行学习。此外，一些平台还提供认证考试和学分累积，鼓励农民持续学习并取得相应的资格证书。

（四）建立乡村成人终身教育体系

乡村成人终身教育体系的建立，旨在为农民提供一个持续学习的保障和支持。这一体系包括成人教育中心、乡村夜校、社区学习中心等多种形式，旨在为农民提供方便、灵活的学习机会。教育大纲规划将根据乡村的实际情况和农民的具体需求制定，确保教育内容的实用性和针对性。通过这一体系，农民可以学习到与当地产业发展紧密相关的知识和技能，同时也能够提升自身的文化素养和综合素质。

（五）利用现有中小学校资源

利用乡村现有的中小学校资源进行成人教育，是一种资源共享和优化配置的体现。在学生放学后或假期期间，学校可以开放图书馆、实验室、体育场等设施，为农民提供学习和交流的场所。此外，学校的教师也可以参与到成人教育中，发挥他们的专业优势，为农民提供指导和帮助。这种模式不仅提高了教育资源的使用效率，也为农民提供了就近学习的机会，降低了学习成本。

第九章　农民数字素养与现代科技应用

第一节　数字农业与数字农业技术的应用

一、数字农业

（一）数字农业的概念

数字农业是数字技术在农业领域的综合和全面应用。具体来讲，数字农业将遥感、地理信息系统、定位系统、计算机技术、通信和网络技术、自动化技术等高新技术，与地理学、农学、生态学、植物生理学、土壤学等基础学科有机地结合起来，实现在农业生产的全过程中对农作物从规划、投入、生产到农产品收获、加工、营销等全过程的模拟、监测、判断、预测和建议，达到提高资源利用率、降低成本、提高生产效率和产品质量、改善生态环境的目的。

国际上对数字农业有了比较系统全面的定义，即数字农业是将数据作为农业生产的要素之一，用现代数字技术对农业生产的对象、环境和全过程进行可视化表达、数字化设计与管理的现代农业新业态。

数字农业使数字技术与农业生产的各个环节实现有机融合，对改造传统农业、转变农业生产方式具有重要意义。数字农业中的数据具有多源头、多维度、动态性及时效性等显著特点。数据维度是多元全面的，数据量是大规模、海量的。数字农业要在大量动态时空数据的基础上，对农业的某一自然现象或生产经营过程等进行数字孪生。例如，土壤中残留农药和农作物生产的数字化、农业自然灾害及农产品市场流通的数字化等。

（二）数字农业的特点

1. 生产智能化

数字农业通过集成物联网传感器、无人机监测、智能农机等先进技术，实现作物生长环境的实时监测和自动化管理。精准农业实践如变量施肥、智能灌溉系统，根据作物实际需求调整投入，极大提升了农业生产的智能化水平，确保作物健康成长，提高产量和品质。

2. 管理数据化

数字农业依托大数据平台，对农业生产过程中产生的海量数据进行收集、存储和分析。通过数据挖掘和模型分析，为农业生产提供科学的决策支持，实现种植、养殖、加工等各环节的精细化管理。数据化管理有助于优化资源配置，提高农业生产效率，降低生产成本，增强农业竞争力。

3. 信息网络化

数字农业利用互联网技术，构建起覆盖农产品生产、加工、储运、销售等全链条的信息网络。通过电子商务、社交媒体等线上渠道，实现农产品的直接销售和品牌推广，缩短供应链，提高产品流通效率。同时，数字平台也为农民提供了更广阔的市场信息和交易机会，促进农产品价值最大化。

4. 服务个性化

数字农业通过分析土壤特性、气候变化、作物生长规律等多维度数据，为农民提供个性化的种植建议和管理方案。结合智能决策系统，农民能够根据实时数据调整农事操作，实现精准农业实践。此外，数字服务平台还能提供市场分析、风险评估等增值服务，帮助农民把握市场动态，规避经营风险。

5. 环境友好化

数字农业倡导绿色生产理念，通过精准施肥、节水灌溉等环保技术，减少化学投入品的使用，降低农业生产对环境的影响。利用遥感监测和环境模拟技术，对农业生产活动进行环境影响评估，确保农业生产活动与自然资源保护相协调。数字农业的可持续发展模式有助于构建生态文明，实现农业生产与生态环境的和谐共生。

二、数字技术的应用

（一）农业生产数字化

1. 种业数字化

种业数字化是指通过大数据、人工智能、物联网、智能装备等在种业全产业链的应用，实现育种科研、制种繁种、生产加工、营销服务和监督管理服务的多场景信息化，品种创新数字化，生产经营智能化和产业体系生态化。

种业数字化主要体现在以下 4 个方面。

一是实现田间性状数据移动采集、实时传输、自动汇总，提高采集的规范性和准确性。

二是做到各个育种环节的业务数据高效无缝对接。

三是制定统一的作物育种性状数据采集标准，为育种大数据资源建设提供基础保障。

四是育种全程信息化管控，有利于全面掌握研发能力、研发规模和研发进度，做到精准施策，大幅提升管理效率。

2. 种植业数字化

种植业数字化是数字技术在农作物种植各个环节的应用，通过获取、记录农业生产经营各个环节的数据，计算分析得出应对方案，为种植业各个环节的流程提供智能决策，以提高生产效率。

种植业数字化主要体现在以下 3 个方面。

一是在线监测农作物生长信息，并根据农作物生长需要自动调控设施环境，开展灌溉、施肥、防病、除虫、除草等自动化生产管理，降低生产成本。

二是配备标准化、智能化的病虫害监测设备，重点布置自动识别虫情测报灯、自动计数害虫性诱捕器、流行性病害自动监测预报器等，实现病虫监测数据的自动化采集。

三是获得农作物生长过程中的墒情、气象信息、生长情况等实时监测数据，并基于算法分析，得到农作物的全周期生长曲线，及时获得预警信息和生产管理指导建议。

3. 林草数字化

林草数字化是利用遥感、地理信息系统和全球定位系统等数字技术，经过大数据分析，对森林草原火灾、有害生物等进行预测，提升灾害防控监管和灾害应急快速反应能力。

林草数字化主要体现在以下 3 个方面。

一是打造以森林资源"一张图"、草原资源"一张图"为基础的经营、管理、监测一体化的监管体系，实现林草生态全面感知、风险预警可控、林地动态监管、物种实时保护。

二是通过对林场相关数据的采集和分析，实现防火、防病虫害、防盗猎、生态效益实时监测及古树名木管理等功能，提高林场对森林资源的管护能力，实现林场的可持续经营。

三是对林草业基地进行数字化改造，通过木材加工、营销等环节的数字化，提升林草业的生产经营水平。

4. 畜牧业数字化

畜牧业数字化是综合运用现代信息技术和智能装备技术，将畜牧养殖管理和技术数字化，利用互联网平台，实现畜牧养殖数字化、智能化管理，推动畜牧养殖由传统的粗放型向知识型、技术型转变。

畜牧业数字化主要体现在以下 4 个方面。

一是对规模化养殖场进行疾病监测和疫病传播跟踪，提高动物疫病防控能力与处置效率。建立动物电子免疫档案，实现动物疫病强制免疫信息化管理。

二是对畜牧养殖过程进行全程监控，实现要素合理调配、养殖条件优化，提高监管能力，提升产品品质。

三是记录全环节畜牧养殖流转信息，形成环环相扣的信息链条，有效防范不法分子违规开具检疫证明、违规调运等行为。

四是数字牧场（养殖场）建设。通过对牧场（养殖场）全场设备数字化和网络化控制，收集环境指标、饲料消耗、环保指标等关键传感数据，实现畜禽养殖全过程的数据采集、数据分析、过程优化、智能控制和信息追溯，通过精细化养殖，提升效益。畜禽养殖主体建设智慧牧场管理系统，集成环境智能调控、精准饲喂、疫病防控、产品智能收集等设施设备，实现养殖全过程的统一集成管理与智能化控制，降低生产成本、提高养殖效率。

5. 渔业渔政数字化

渔业渔政数字化综合应用现代信息技术，深入开发和利用渔业信息资源，促进渔业生产过程与监督管理的智能化和信息化，提升渔业生产和渔业管理决策的能力与水平，是加快渔业转型升级的重要手段和有效途径。

渔业渔政数字化主要体现在以下 3 个方面。

一是养殖户通过信息终端随时了解养殖环境的实时数据、水产品的生长情况、养殖车间的现场状况及设备装置的运行状态，实现对水体管理、环境调控、饵料投喂、放养密度、病害防控等养殖生产环节的精准把控。

二是对渔业生产过程中产生的大量数据进行处理和分析，提供船位数据分析服务、国内渔业捕捞服务、远洋渔业服务、渔港服务、养殖管理和服务、水产品供应服务，为渔业生产提供辅助决策，提高渔业综合生产力。

三是数字渔场建设。利用物联网、大数据、人工智能等现代信息技术，面向陆基工厂化养殖、池塘养殖、深水网箱养殖和海洋牧场养殖等不同场景，集成应用水体环境实时监控、饵料自动精准投喂、水产类病害监测预警、循环水装备控制、网箱升降控制等技术装备，建设智慧水产养殖管理平台，实现渔场水产品生长情况监测、疫情灾情监测预警及养殖渔情精准服务等功能，提高水产养殖效益。

（1）陆基工厂化养殖。安装面向水质监测、养殖现场及水产品的视频采集等业务的物联网感知与传输装置以及养殖环境调控、饵料投饲、养殖用水处理、出池分选等自动化设备，养殖户通过信息终端随时了解养殖环境的实时数据、水产品的生长情况、养殖车间的现场状况以及设备装置的运行状态，并利用智慧管理平台的养殖决策信息对现场设备进行远程控制，实现针对水体管理、环境调控、饵料投喂、放养密度、病害防控等养殖生产的精准把控。配置水质检测、品质与药残检测、病害检测等设备，构建鱼病远程诊断系统和质量安全可追溯系统。

（2）池塘养殖。安装面向水质监测、视频采集等业务的物联网感知与传输装置以及增氧、投饵等自动化设备，养殖户通过信息终端随时了解鱼塘水质的变化情况、设备装置的运行状态、鱼塘现场的实时状况，并利用智慧管理平台的养殖决策信息对现场设备进行远程控制，提升池塘养殖管理水平。

（3）深水网箱养殖。集成网衣自动提升、自动投饵、水下监测、网衣清洗、成鱼回收等自动化装备，搭载大数据科学监测设备，通过传感器、水下摄像头等数据采集设备，实时采集水质、水文等监测数据和鱼类活动视频等数据，减少和避免大规模病害的发生，提高水产苗种存活率。

（4）海洋牧场。建设综合型海洋牧场，以人工鱼礁、海藻场为养殖载体，综合应用生境改造、智能网箱等先进技术和装备，建立集监测、分析、控制、决策于一体的智能化平台，养殖人员可通过信息终端直接遥控网箱的运转，实现自动水下照明、投喂、增氧和水下实时监控等功能。

（二）农产品加工智能化

农产品加工智能化利用物联网技术和设备监控技术，配备作业机器人、智能化电子识别和数字监测设备，建设农产品加工智能车间；建立果蔬产品包装智能分级分拣装置，实现果蔬产品的包装智能分级分拣；利用智能管理软件系统，实时准确地采集生产线数据，合理编排生产计划，实时掌控作业进度、质量与安全风险。

农产品加工智能化主要体现在以下3个方面。

一是加大产后烘干、储藏、保鲜等能力建设，有效减少农产品产后损失，提高防灾抗灾的能力，减损提质，保障农产品有效供给。

二是提高农产品精深加工效率，减少后续加工难度及成本，增值富农，提升农产品价值产业链。

三是以生产机械化来解决劳动力日益短缺的问题，省工节本，保障优势特色产业可持续发展。

（三）特色产业数字化监测

特色产业数字化监测利用物联网、大数据、区块链等现代信息技术，围绕乡村特色产业全产业链，采集生产基地、加工流通、品牌打造等方面的基础数据，实现特色产业监测指标与基础数据的直接对接。通过建立特色产业全产业链指标体系，建立乡村特色产业可信指数，实现乡村特色产业指标评价和指数化表达。

特色产业数字化监测主要体现在以下 2 个方面。

一是通过数据汇聚及可视化分析，实现特色产业画像及全国乡村特色产业"一张图"呈现，为乡村特色产业发展提供数据支撑与决策支持服务。

二是及时发布特色产业运行情况，宣传特色产业建设成果。

（四）农产品市场数字化监测

农产品市场数字化监测利用自动定位匹配采集、信息智能识别与数据规则验证等信息技术，通过信息采集设备和信息采集系统，依据信息采集标准规范，对农产品交易地点、价格、交易量等多维度信息进行实时采集，并进行大数据分析，实现对农产品价格及变化趋势的监测预警。

农产品市场数字化监测主要体现在利用 APP、微信公众号及时发布热点品种的市场供需和价格信息，为市场监管主体、农业生产经营主体和消费者提供决策依据。

（五）农产品质量安全追溯

农产品质量安全追溯是指运用信息化的方式，跟踪记录生产经营主体、生产过程和农产品流向等农产品质量安全信息，以满足监管和公众查询需要。

农产品质量安全追溯主要体现在以下 2 个方面。

一是规范企业生产经营活动，实现农产品来源可追溯、流向可跟踪、风险可预警、产品可召回、责任可追究，有效促进农业绿色生产。

二是有效保障公众消费安全，当发生农产品质量问题时，可有效追查，提高检查部门的效率，同时保障消费者权益。

第二节　数字技能与信息利用能力

一、数字技能

（一）与数字技能相关的一些概念

1. 数字经济

凡是直接或间接利用数据来引导资源发挥作用，推动生产力发展的经济形态都可以纳入其范畴。在技术层面，包括大数据、云计算、物联网、区块链、人工智能、5G 通信等新兴技术。在应用层面，"新零售""新制造"等都是其典型代表。

2. 数字技术

数字技术指借助一定的设备将各种信息，包括图、文、声、像等，转化为电子计算机能识别的二进制数字"0"和"1"后进行运算、加工、存储、传送、传播、还原的技术。其主要包含大数据、云计算、人工智能、物联网、区块链和 5G 技术。

3. 数字素养

数字素养指在数字环境下利用一定的信息技术手段和方法，能够快速有效地发现并获取信息、评价信息、整合信息、交流信息的综合科学技能与文化素养。

4. 数字能力

数字能力强调以分析的、合作的和创造性的方法使用数字技术的能力。能力领域包括软硬件的基本知识、信息和数据素养、交流与合作能力、数字内容创建能力、安全性保障能力、解决问题能力、职业相关胜任力。

（二）对数字技能的定义

联合国教科文组织 2018 年出版的《培养面向未来的数字技能——我们能从国际比较指标中得出什么结论?》提出：广义而言，数字技能不仅指知道如何应用信息通信技术来获取、分享、生产信息，而且指能够应用信息通信技术来批判性地评估和处理信息，运用精确的技术获取和生产信息，以解决复杂问题。数字技能是一系列技能，其中一些技能严格来说不是技能，而是与行为、专业知识、实际经验和生活技能相关的素养。

《学习时报》2021 年 1 月刊发文章《数字化生存应提升全民数字技能》中指出：随着数字技术的进步和数字化社会的发展，数字技能的内涵和外延在不断丰富和完善。想要有效参与数字化社会的发展，必须具备数字资源的使用和研发能力，包括数字获取技能、数字交流技能、数字消费技能、数字安全技能、数字健康技能。

数字技能是通过云计算、人工智能、物联网等信息通信技术，生产、获取、分析、传输信息，以解决复杂问题、确保数据安全等的能力、素养。根据数字技能使用和培养需求不同，可以将数字技能分为数字专业技能和数字应用技能两类。

数字专业技能主要是针对专业人员而言，指云计算、大数据、物联网、区块链、人工智能、5G 通信等数字技术领域从业者需掌握的开发、分析、整合数字信息等的能力，具有复杂性和创新性。数字应用技能主要是针对非专业人员而言，指社会大众在工作、生活中，使用各种电子设备获取、传输数字信息等的能力，具有基础性和普适性。

(三) 农民的数字技能

农民的数字技能是指农民利用数字技术获取、处理、分析和应用信息的能力，这些技能对于提升农业生产效率、拓宽农产品销售渠道、增强农村经济发展具有重要意义。具体来说，农民的数字技能包括以下几个方面。

1. 智能设备使用能力

农民能够熟练操作智能手机、电脑等智能设备。通过这些工具，农民不仅可以获取到最新的农业科技信息、气象预报、种植养殖技术，还能参与在线培训和远程咨询，不断提升自身的知识和技能。此外，智能设备还能够帮助农民进行日常管理和财务管理，提高工作效率。为了确保这些技能的有效运用，农民需要接受相应的培训，学习如何高效使用各类应用程序和软件，确保能够充分利用智能设备带来的便利。

2. 信息获取与甄别能力

在信息爆炸的时代，农民能够通过互联网等渠道获取大量关于农业生产、市场动态、政策法规等方面的信息。然而，信息的真实性和准确性对于决策至关重要。因此，农民需要培养甄别信息真伪的能力，学会从权威渠道获取信息，避免受到误导。这要求农民具备基本的信息素养，能够批判性地分析和评估所获得的信息，确保决策的科学性和有效性。通过参加相关的信息素养培训和实践，农民可以提高自己在信息海洋中的导航能力，做出更加明智的选择。

3. 网络营销与电子商务能力

随着互联网技术的发展，电子商务已经成为农产品销售的重要渠道。农民利用电商平台和社交媒体进行农产品的在线销售和宣传推广，不仅可以拓宽销售渠道，还能够提高农产品的市场竞争力和品牌影响力。此外，通过网络营销，农民还可以直接与消费者沟通，了解市场需求，及时调整生产策略。为了有效开展网络营销，农民需要学习相关的电子商务知识，掌握产品摄影、页面设计、客户服务、物流管理等技能，并通过实际操作不断提升自身的营销能力。

4. 数字安全意识

在使用数字技术的过程中，农民必须意识到网络安全的重要性。个人信息的泄露和网络诈骗等问题可能给农民带来严重的经济损失和信任危机。因此，农民需要培养良好的数字安全意识，学习如何设置复杂的密码、识别钓鱼网站、保护支付信息等，以确保自己的信息安全和财产安全。通过参加网络安全教育和培训，农民可以提高防范网络风险的能力，更加安心地享受数字技术带来的便利。

5. 数据分析与决策能力

大数据和云计算等现代技术为农业生产提供了强大的数据分析工具。农民能够利用这些技术对农业生产数据进行分析，如土壤湿度、作物生长周期、市场需求等，从而做出更加科学的种植和养殖决策。数据分析能力的提升有助于农民优化生产计划，提高产量和质量，降低成本和风险。为了掌握这些技能，农民需要接受专业的培训，学习如何收集和处理数据，运用统计学原理和数据分析软件，提高决策的科学性和准确性。

6. 数字技术推广应用能力

物联网、智慧农业等数字技术正在逐渐改变传统的农业生产方式。农民掌握并应用这些技术，可以提高农业生产的智能化和精准化水平，实现资源的高效利用和环境的可持续发展。例如，通过智能监控系统，农民可以实时监测作物生长状况和农田环境，及时调整灌溉和施肥策略。此外，通过无人机、自动化机械等设备，农民可以减轻劳动强度，提高作业效率。为了有效应用

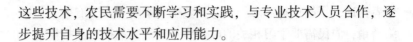

这些技术，农民需要不断学习和实践，与专业技术人员合作，逐步提升自身的技术水平和应用能力。

二、信息利用能力

（一）互联网农业信息的获取

1. 学习使用搜索工具

有效的搜索技巧对于农民在互联网上找到所需信息至关重要。农民应学习如何使用搜索引擎的高级功能，比如使用特定的关键词搜索、排除不相关的词汇、限定信息发布的日期范围等。这些高级搜索技巧能够帮助农民快速地找到最相关和最权威的信息。此外，农民还可以学习使用专业的农业搜索引擎和数据库，这些工具通常提供更为专业和深入的农业相关信息。掌握这些搜索技巧，农民就能够更加高效地利用互联网资源。

2. 关注官方和权威发布

农民在获取农业信息时，可以利用以下一些权威的信息平台，如农业农村部官方网站、国家农业科学数据中心、农业农村部大数据发展中心、中国农业大数据平台、中国农业农村信息网等。这些平台发布的信息通常是经过严格审核的，因此更为可靠。农民应养成关注这些官方渠道的习惯，如农业农村部门的通知、科研机构的研究成果发布等。这些信息不仅涉及农业生产技术，还包括市场动态、政策法规等对农民至关重要的内容。同时，农民也应关注这些信息的最新动态，以便及时了解和适应政策变化和市场趋势。

3. 利用社交媒体和网络社群

社交媒体和网络社群为农民提供了一个获取信息和交流经验的新渠道。农民可以在这些平台上关注行业专家、农业组织和其他农民分享的知识和经验，同时也学习他人的知识和技巧。然而，社交媒体上的信息质量参差不齐，农民需要保持警惕，避免接受未经证实的信息。通过在社群中积极互动，农民可以建立起一个可靠的信息网络，同时也能够提升自己的信息筛选和判断能力。

（二）农业信息真伪的辨别

农民在网络上获取农业信息时，面临着信息真伪难辨的问题。为了辨别网络上农业信息的真实性，可以采取以下措施。

1. 核实信息来源

信息的来源是判断其真伪的第一步。农民应优先选择政府官方网站、农业科研机构、知名农业企业和专业农业信息服务平台等权威渠道发布的信息。这些渠道的信息可信度较高。

2. 多方对比验证

面对同一信息，农民可以通过多个渠道进行对比验证。如果多个权威来源的信息内容一致，那么该信息的真实性就更有保障。此外，对于网络上的农业信息，农民还可以通过查阅相关的研究报告、技术文档等，进一步核实信息的准确性。

3. 咨询专业人士

对于不确定的信息，农民可以直接向农业专家、技术推广人员或有经验的同行进行咨询。这些专业人士具备丰富的知识和实践经验，能够提供准确的指导和建议。通过专业人士的帮助，农民可以避免受到虚假信息的误导，做出更合理的决策。

4. 培养批判性思维

在信息爆炸的时代，培养批判性思维对于辨别信息真伪至关重要。农民应学会不轻信网络信息，对于未经证实的信息保持怀疑态度。在实际应用中，农民可以通过小规模试验或实地考察，验证信息的可行性和有效性。通过这种方式，农民不仅能够辨别信息的真伪，还能够提升自身的信息素养和决策能力。

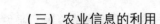

（三）农业信息的利用

农民有效利用农业信息对于提升农业生产效率、增加收益和适应市场变化至关重要。

1. 优化农资采购决策

农业信息的获取可以帮助农民在购买种子、肥料、农药等农资产品时做出更明智的选择。通过比较不同供应商提供的价格和产品质量信息，农民可以选择性价比更高的产品，降低生产成本。此外，了解农资产品的使用方法和注意事项，可以避免浪费和误用，提高资源利用效率。

2. 增强市场适应能力

通过关注市场价格信息和需求动态，农民可以及时调整生产计划和销售策略，以满足市场需求。例如，如果市场上某种作物的价格较高，农民可以考虑增加该作物的种植面积；如果某种作物的市场需求减少，农民可以转向种植其他更有市场前景的作物。此外，农民还可以通过网络平台直接销售农产品，拓宽销售渠道，提高收入。

3. 应对自然灾害和气候变化

农业信息平台提供的气候变化和灾害预警信息对于农民来说至关重要。农民可以根据这些信息提前做好防灾准备，如调整种植时间、采取防洪措施等，以减少自然灾害对农作物的影响。同时，了解气候变化趋势也有助于农民选择适应性强、抗逆性好的作物品种，提高农业生产的稳定性和可持续性。

4. 参与政策制定和乡村治理

农业信息平台不仅是农民获取生产技术的信息来源，也是了解国家农业政策、参与政策讨论的重要渠道。农民可以通过这些平台了解最新的农业补贴政策、税收优惠等信息，确保自己的权益得到保障。同时，农民还可以通过参与线上讨论和反馈，向政府和相关部门提出自己的意见和建议，参与到乡村治理和农业发展决策中。

第三节　农产品电子商务与网络营销

一、农产品电子商务

（一）农产品电子商务的概念

农产品电子商务是一种全新的农产品交易模式，是指在农产品生产加工与销售配送过程中全面导入电子商务系统，利用信息技术与网络技术，在网上进行信息的收集、整理、传递与发布，同时依托生产基地与物流配送系统，在网上完成产品或服务的购买、销售和电子支付等业务的过程。它充分利用互联网的易用性、实用性、广域性和互通性，实现了快速高效的网络化商务信息交流与业务交易活动。

（二）农产品电子商务模式

农产品电子商务模式多样，包括 B2B（企业对企业）、B2C（企业对消费者）、C2C（消费者对消费者）等。

1. B2B（企业对企业）模式

B2B 模式主要针对的是农产品的批发交易，这种模式涉及的是企业之间的大宗商品交易。在这种模式下，农产品生产者或供应商通过电子商务平台向其他企业提供产品，这些企业可能是加工企业、餐饮业、超市或其他批发商。平台如慧聪网、中农网等提供信息服务和交易撮合，使得农产品能够快速、高效地流通到需要它们的企业手中。这种模式有助于农产品生产者扩大销售范围，同时也为企业提供了稳定和可靠的货源。

2. B2C（企业对消费者）模式

B2C 模式是农产品电子商务中最常见的形式，它直接连接农产品生产者和最终消费者。通过第三方交易平台，如淘宝、京东、拼多多等，农民或农产品企业可以直接将产品销售给消费者。这种模式的优势在于它能够缩短供应链，减少中间环节，从而降低成本并提高效率。同时，消费者也能够直接购买到新鲜、质量可靠的农产品。此外，B2C 模式还有助于农产品品牌建设，通过平台的营销工具和活动，可以更好地进行农产品市场推广和品牌宣传。

3. C2C（消费者对消费者）模式

C2C 模式在农产品电子商务中也占有一席之地，特别是随着社交媒体和移动应用的普及，越来越多的农户通过这些平台直接向消费者销售农产品。这种模式允许农户以个人或小规模的形式参与电子商务，为消费者提供定制化和个性化的服务。消费者可以通过社交媒体平台了解农产品的生产过程和背后的故事，这种透明度和互动性有助于建立消费者信任，促进农产品的销售。

4. 集成化、智能化发展趋势

随着技术的进步，农产品电子商务开始向集成化和智能化方向发展。例如，一些生鲜零售企业通过整合线上平台、线下门店和餐饮服务，创造全新的购物体验。消费者可以通过线上平台下单，选择到店自提或在家享受送货上门服务，同时还可以在线下门店享受餐饮服务。这种模式不仅提高了消费者的购物便利性，也为农产品的销售提供了新的增长点。此外，智能化技术的应用，如大数据分析、物联网监控等，也在提高农产品流通效率、保障食品安全和提升消费者体验方面发挥着重要作用。

二、农产品网络营销

（一）农产品网络营销的概念

农产品网络营销是指利用网络，发布农产品的销售信息，进而寻找到需要的客户，然后通过物流系统把农产品送到客户手中的全过程。其本质也是一种销售活动、一种销售渠道，或者说一种销售方法。

（二）农产品网络营销的方法

1. 搜索引擎优化

搜索引擎优化（SEO）是指通过优化网站的结构和内容，提高网站在搜索引擎中的排名，增加网站的流量和曝光度。

通过合理选择关键词、优化网页标题和描述、改进网站结构和内部链接等方法，提高网站的搜索排名，增加用户率。

2. 搜索引擎营销

搜索引擎营销（SEM）是指通过在搜索引擎中购买关键词的方式，将网站的链接展示在搜索结果页面的广告位上，吸引用户进入网站。

相比于 SEO，SEM 能够更快地提升网站的曝光度和流量，但需要支付一定的费用。

3. 社交媒体营销

社交媒体营销是指通过社交媒体平台，如微博、微信等，发布有关产品或服务的信息，吸引用户关注和转发，提高知名度和影响力。

通过定期发布内容、与用户进行互动、开展活动等方式，吸引用户关注，增加潜在客户。

4. 内容营销

内容营销是指通过发布有价值的内容，吸引用户关注和转化为潜在客户。

内容可以包括文章、视频、图片等形式，通过有趣、有用的内容吸引用户的注意力，提高用户的认知和信任度。同时，通过内容的分享和传播，扩大影响力。

5. 电子邮件营销

电子邮件营销是指通过发送电子邮件，向用户提供有关产品或服务的信息，推动用户购买或转化。

通过建立用户订阅系统，收集用户的电子邮件地址，并定期发送有价值的信息，可以增加用户的关注度，提高用户的转化率。

6. 移动营销

移动营销是指通过移动设备，如手机、平板电脑等，向用户提供有关产品或服务的信息，吸引用户关注和转化。

移动营销可以通过短信、应用程序、移动广告等方式进行，随着移动设备的普及和使用频率的增加，移动营销也成为一个重要的推广渠道。

7. 视频营销

视频营销是指通过制作和发布有关产品或服务的视频，吸引用户观看和转化。

视频可以通过视频网站、社交媒体等平台进行发布和传播，通过生动形象的视频展示，可以更好地吸引用户的注意力，提高用户的转化率。

第四节　农村数字化服务与生活改善

一、农村医疗机构信息化

运用基础信息通信网络、信息化医疗设备等，打通省、县、村三级医疗机构的信息流通渠道，为实现远程医疗、分级诊疗等"互联网+医疗健康"模式提供基础保障。省级层面建设基层医疗卫生机构信息系统，将信息系统与相关业务管理系统进行整合，实现省、县、村医疗卫生机构的信息互通。指导电信运营商在农村基层医疗机构延伸覆盖高速宽带网络。县级层面推进乡村卫生院等机构的信息化建设，接入省级基层医疗卫生机构信息系统，实现与省医院和县医院的数据连通。以县级医院为龙头，鼓励联合辖区基层医疗机构建立"一体化"管理的县域医共体。建立县域内开放共享的影像、心电、病理诊断、医学检验、消毒供应和医疗废物垃圾处理等中心，打通县域内各医疗卫生机构信息系统，实现县域内医疗卫生机构之间信息互联互通、检查资料和信息实时共享，以及检验、诊断结果互认。

农村医疗机构信息化的主要形式包括村医工作站、人工智能（AI）移动医生系统等。

（一）村医工作站

村医工作站展示村医最近的工作内容（如每日门诊量、用药情况等），方便医生快速定位当前的工作与重点工作；对门诊挂号、诊中患者、诊后患者管理进行集中展示，快速定位患者信息，完成智慧化的接诊管理；支持多模态录入患者病历信息，如智能问诊、联想输入等。在所有病历信息录入完成后，AI智能地对患者病历信息进行质检，并对规范的病历做诊断质检、诊断推荐。AI的深入运用提高了基层的诊疗质量，也可以使医生根据患者症状，为患者开具相应的药方或开展相应的治疗，并生成收费单据。便捷的收退费管理方式帮助村医以更现代化、科学化、规范化的手段加强管理，从而提高工作效率。

（二）AI移动医生系统

AI移动医生系统主要通过可移动的手机端进行医院事务的管理，通过多种方式登录系统，进行海量药品、疾病字典、教科书指南资源等的医学检索，同时支持患者历史病历查询等功能。AI移动医生系统也可以利用全能智能语音助手进行查询、统计、提醒、日常问答；通过360°视图，进行患者全景诊疗数据展示，方便医生掌握患者的个人信息、就医历史、检查检验结果等全方位的信息。

二、智慧养老远程看护服务

智慧养老是在全国智慧城市建设的背景下提出来的，是指利用信息技术等现代科学技术（如互联网、社交网、物联网、移动计算等），围绕老人的生活起居、安全保障、医疗卫生、保健康复、娱乐休闲、学习分享等各方面支持老年人的生活服务和管理，对涉老信息自动监测、预警甚至主动处置，实现这些技术与老年人的友好、自助式、个性化智能交互。

（一）实时监控

智慧养老远程看护服务系统可以通过安装摄像头、传感器等设备，实时监控老人的生活状况。这样，家属和看护人员可以随时了解老人的情况，及时发现异常情况并采取相应措施。系统还可以记录老人的行为习惯，比如起床时间、吃饭时间等，为老人提供更加个性化的服务。

（二）医疗服务

智慧养老远程看护服务系统还可以提供医疗服务。通过视频通话等方式，老人可以随时与医生进行沟通，咨询健康问题，并得到专业的建议和治疗方案。系统还可以为老人预约医院、开具处方、送药上门等，为老人提供更加便捷的医疗服务。

（三）社交互动

智慧养老远程看护服务系统可以为老人提供社交互动的平台。老人可以通过系统与其他老人、家人、朋友进行视频通话、文字聊天等，分享生活经验、交流感受，缓解孤独感。系统还可以为老人提供各种娱乐活动，如听音乐、看电影、玩游戏等，丰富老人的生活。

（四）安全保障

智慧养老远程看护服务系统可以为老人提供安全保障。比如，系统可以通过智能门锁、烟雾报警器等设备，确保老人的居住环境安全。系统还可以为老人提供紧急救援服务，如老人不慎摔倒、突发疾病等情况，系统会自动向家属、医生等发送警报，确保老人得到及时救援。

三、乡村学校信息化

由于乡村学校特殊的地理位置，教育环境相较于城镇学校落后。随着互联网在农村的普及和发展，乡村的学校里逐渐有了计算机房，教室里配备了多媒体设备，例如，投影仪、电子屏、计算机等，打造了简易的多媒体教室。"互联网+教育"模式在乡村展开，丰富了乡村学校的课程。

"互联网+教育"为乡村学校打开了一扇新的教育大门，改变了传统的"围墙"式教育，为师生提供了一个开放式的学习平台，突破了时间和空间的限制，弥补了乡村教育的"消息鸿沟""地域鸿沟""数字鸿沟"。互联网可以让乡村学校体验到城市学校的教育资源，学生可以在课堂内外学习到丰富的网络课程，老师有更全面的备课资源，授课方式也更加智能化，有效地提升了教学质量和水平，推动乡村教育的创新。

"互联网+教育"改变了乡村学校的教育模式，改变了老师和学生的角色定位，二者的界限不再严格分明。在传统的乡村教育模式中，教师和教材是知识的来源，具有极大的权威性。学生是知识的接收者，教师在课堂中扮演主导角色，控制课堂的发展，学生接收知识非常被动。"互联网+教育"在乡村的应用，可以让学生自主获取教材知识，同时开阔眼界。在这种模式下，教师既是教育教学的研究者、知识的传播者，同时也是一个"学生"，也需要不断补充丰富与教材相关的知识。学生能够随时随地独立自主学习，自己制订学习计划，对学习结果进行自我评估，在课堂上提出更多的问题与教师探讨，在交流中成长。学生借助互联网可以看到外面的世界，看一看资讯、搜一搜时事、查一查史实，获取知识的方式不再局限于教师的讲解，而是在此基础上有了自己的体会，例如，可以了解每篇课文的写作背景，从而体会到作者的心路历程。借助互联网，教师上课的方式也发生了转变，其授课形式多样化，与学生的互动性增强，师生之间的联系更加紧密。

参考文献

陈中建，倪德华，金小燕，2016. 新型职业农民素质能力与责任担当［M］. 北京：中国农业科学技术出版社.

高秀清，2017. 农村生态环境建设与清洁能源技术［M］. 北京：中国水利水电出版社.

韩一军，赵霞，2021. 乡村振兴政策与实践［M］. 北京：中国农业出版社.

刘凤英，王朝武，傅莉辉，2019. 新型农业经营主体带头人［M］. 北京：中国农业科学技术出版社.

人民论坛，2023. 乡村振兴：中国式现代化·协调发展之路［M］. 北京：中国科学技术出版社.

邵玉丽，刘玉惠，胡波，2020. 农产品质量安全与农业品牌化建设［M］. 北京：中国农业科学技术出版社.

殷涛，林宁，李华，等，2023. 助力乡村振兴：数字乡村典型应用场景与实践［M］. 北京：人民邮电出版社.

袁海平，顾益康，李震华，2017. 新型职业农民素质培育概论［M］. 北京：中国林业出版社.